KEPUSHU

有趣的少儿科普书

化害为益的故事

◎王敬东 著

☯济南出版社

图书在版编目(CIP)数据

化害为益的故事／王敬东著.—济南：济南出版社，
2013.6
(有趣的少儿科普书)
ISBN 978-7-5488-0885-5

Ⅰ.①化… Ⅱ.①王… Ⅲ.①有害动物—少儿读物
Ⅳ.①Q95-49

中国版本图书馆 CIP 数据核字（2013）第 132609 号

责任编辑 吴敬华
装帧设计 侯文英

出版发行 济南出版社
地　　址 济南市二环南路 1 号(250002)
发行热线 0531-86131730　86131731　86116641
印　　刷 莱芜市华立印务有限公司
版　　次 2013 年 6 月第 1 版
印　　次 2013 年 6 月第 1 次印刷
成品尺寸 115 毫米×185 毫米　1/32
印　　张 5
字　　数 60 千字
定　　价 15.00 元

济南版图书,如有印装质量问题,请与出版社出版部联系调换
电话:0531-86131736

前　言

大自然的鬼斧神工，造就了形形色色的生物，这些不同的生物，有的对人类有益，深受人们的欢迎，有的对人类有害，使人们痛恨有加。

在传统思维的影响下，人们总认为有害的生物"有百害而无一利"。其实，对有害的生物也应该进行一分为二的科学分析，加以正确运用，使其化害为益，为人类服务。

本书试图帮助少年朋友，从逆向思维出发，对几种典型的有害生物进行重新认识，揭示其深层的奥秘……

这样，或许能对少年朋友自身形成正确的科学思想、科学精神和科学思维方式，以及驾驭科学知识的能力，发明和发现的能力，产生良好的作用。

目　录

藤壶与特种黏合剂

海岸的峭壁，码头的人工设施，以及在海上航行的船只，总固定着一种叫做藤壶的甲壳动物。

藤壶身体外围有坚硬的外壳板，中间留有一个小孔，形似一座座小火山，它靠过滤海水中的有机物生存。

说来令人难以相信，它们竟与虾、蟹同属于甲壳动物，虽然它们的外形和虾、蟹大相径庭，然而，它们从出生到幼体阶段却是完全相同的。

藤壶的种类很多，世界各大洋都有分布，从潮间带到深海都有它们的踪迹。

不过，别看它个体不大，然而对人类造成的危害却不小。它附着在船底上，增加船只航行的阻力，降低航速；附着在金属物上，能破坏金属表面的油漆保护层，对金属起了加速腐蚀的作用。所以，渔船和商船每隔一定时间就要停航进船坞，清除这些累赘，这给人们造成了很大麻烦。

说来令人难以置信，就是这种貌不惊人的小小藤壶，还曾使一个国家在海战中，遭到极惨痛的失败哩。

1905 年，在著名的对马海战中，日本海军出乎意料地击败了当时号称天下无敌的俄国波罗的海舰队。

这次海战的结果，完全出乎人们的预料。

后经各国军事家分析，俄国舰队失败的主要原因之一是军舰的航速没有达到预期的速度。

那么，造成航速降低的罪魁祸首又是什么呢？

原来，竟是附着在船底的固着动物——藤壶。

由于沙俄舰队从波罗的海到日本海要经过长达一年之久的航行，在航行过程中，

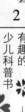

船底长满了大量的藤壶等附着生物，这样，不可避免地就增加了船体的重量和阻力，因而使船速减慢了。

因此，人们就一直把藤壶视作对船只有害的生物，并想尽一切办法加以清除。

是啊，就藤壶对人类的危害，它的确应得此下场。

然而，人们在消除船底上的藤壶时，竟意外地发现藤壶能分泌一种黏液，人们把它称为"藤壶胶"。奇妙的是，这种黏液黏接性能高得惊人，要想除掉附着在船体上的藤壶，往往会把船体的钢板也带下一些钢屑来。

可见，"藤壶胶"的黏着力非同一般。

另外，在藤壶化石的研究中发现，历经几千年的藤壶化石，仍牢固地附着在其他生物壳体的化石上。

因而，人们从藤壶身上得到启发，在认真研究了藤壶胶的成分后，继而人工合成了藤壶胶，制成了"特种黏合剂"。

藤壶胶黏合剂问世之后，以它特有的

魅力深得人们的青睐。

这种黏合剂在 0～25℃范围内使用，具有很高的抗张强度，可以黏接钢板。

如果用它来黏接建筑构件，可以说它是"超级水泥"，异常牢固。

假如用这种黏合剂修船，只要 5～10 分钟，便能在水下把两块钢板牢牢地黏接在一起。

在外科手术上，它也大显身手，用这种黏合剂就像黏接纸张一样，将皮肤一黏即合。

奇妙的是，这种黏合剂还有一个显著的特点，就是不需要清洁和干燥黏接物表面，这又是众多黏合剂望尘莫及的。

你看，人们从固着在船体上的藤壶进行了逆向思维，终于发现了"藤壶胶"，进而又人工合成了"特种黏合剂"，这种化害为益的结果，无不显示出人类智慧的光华。

河豚与河豚毒素

河豚，是最有名的有毒鱼类，它是东方鲀属的通称，我国约有 15 种。

最常见的一种河豚，在身体、背部和侧面有一些白色斑点，像一些趴着的小虫子，所以人们叫它虫纹东方豚。

河豚的身体呈圆筒状，胸鳍后方有一对黑色斑点，没有腹鳍，有的身体光滑，有的生有小刺。它没有肋骨，吸入空气后身体就变成了球形。难怪有的地区又称它为气鼓鱼。它尖嘴利齿，樱桃小口的上下颌上备生一对板状的牙齿，以虾、蟹、鱼等动物为食。

我国的河豚种类主要有虫纹东方豚、弓斑东方豚、暗色东方豚、条纹东方豚、红鳍东方豚、假睛东方豚等 6 种。其中，后两种只分布于黄海、渤海和东海，前四种各沿海都有分布。

弓斑东方豚和条纹东方豚具有较强的适盐性，它们生活在近海，也可进入淡水。

暗色东方豚为海产的洄海鱼类，每年清明前后成群溯河至淡水河流中产卵。幼鱼在江河或通江的湖泊中肥育，到第二年春季返回海中。

河豚能产生河豚毒素，是迄今为止在自然界发现的毒性最强的非蛋白物质。

有人测定，其非蛋白质毒素的毒力，相当于剧毒氰化钾的 1250 倍，估计 1 克河豚毒素的毒力可致 3000 人丧命。一条紫色东方豚的毒素含量，足可使 33 人丧命。

不过，河豚的肌肉中并不含毒素，最毒的部位是卵巢、肝脏，其次是肾脏、血液、眼、鳃和皮肤。

再者，毒性的大小跟繁殖周期有关，晚春初夏、怀卵期的毒性最大。

河豚所含毒素能使人神经麻痹、呕吐、四肢发冷，进而心跳和呼吸停止。

有句俗话："拼死吃河豚"。国内外报刊报道因吃河豚而中毒身亡的事例，屡见不鲜。

20世纪50年代，我国的浙江省曾发生过20多位农民因误食河豚而同时毙命的惊人事例。

20世纪70年代，日本有一位名叫三津五郎的著名演员，在同他的崇拜者一起吃河豚时，刚品尝了一口，便随着"好极了"的赞叹声而倒下。

类似因吃河豚而中毒的事例，世界各地每年都要发生几百起。

早在古代，人们就认识了河豚的毒性。当然这种认识，是以生命为代价换取的。

人们或许要发出这样的疑问：既然河豚有毒，人们为什么要"拼死吃河豚"呢？

这就只能以河豚肉过于鲜美来解释了。

俗话说"不吃河豚不知鱼味，吃了河豚百味皆无"。可见，河豚的美味对人们的诱惑力。

河豚含有毒素，从生物学和生态学的

角度来看，毒素的主要作用在于防御，所以人们把这类毒鱼称作被动毒素鱼类。

有趣的是，科学家在研究河豚毒素的过程中，竟从另一个角度发现河豚毒素还有独特的医疗功能。

药物学家采用极微量的河豚毒素进行止痛，它能像吗啡一样有效，止痛时间长，又不会成瘾。

有人曾试验过，在麻醉剂中只用微量河豚毒素，就可以止痛镇痛，并能扩大使用范围。

在国外，河豚毒素已被制成药物出售，成为目前世界上最优良的镇痛剂，被广泛用于内科、外科、皮肤科和眼科。

河豚毒素还被用来解除半身不遂、麻风病和晚期癌症病人的痛苦，对神经痛以及创伤、火伤等所产生的疼痛均有明显的镇痛作用。

此外，它对气喘、百日咳、胃痉挛和伤风痉挛也有一定的疗效。

医学家们的最近研究证明，它还可以

用来治疗心血管疾病。

近几年，我国有关部门也加强了对河豚毒素用于治疗疾病的研究。

大连海岸渔业公司在国内首次从河豚鱼肝脏中提取毒素成功，并很快转入商业生产，还批量打入国际市场，打破了日本30年来在国际市场的垄断地位，为我国医药事业做出了贡献。

最新消息透露，形如小苏打，属于强毒试剂的河豚毒素，对鼻咽癌、胃癌、食道癌和结肠癌等的临床治疗试验，已取得了可喜的成果。

有趣的少儿科普书

从毒蛇身上取宝

蛇在我国的分布极其广泛。到目前为止，已知我国有蛇类 170 余种，其中毒蛇 48 种。

至于全世界蛇的种类，大约有 2500 多种。其中毒蛇约 600 种，对人有致命危害的毒蛇有 200 种左右。

在我国，能致人死命的毒蛇主要有 9 种：银环蛇、金环蛇、眼镜蛇、眼镜王蛇、蝰蛇、五步蛇、竹叶青、烙铁头、蝮蛇。这些蛇主要分布在长江以南地区，而长江以北地区的毒蛇就较少，一般只有蝮蛇一种。

一般人都认为，毒蛇和无毒蛇在外形上的区别是毒蛇都有三角头，其实这不完全对，因为有些毒蛇，像金环蛇、银环蛇和各种海蛇，都是椭圆头，和无毒蛇一模一样。所以毒蛇和无毒蛇的区别，主要还是看有没有毒牙。

毒蛇的毒牙，看起来很细，然而，其中间却是空的，就像医院打针用的针头一样。毒蛇的头部两侧，各有一个毒腺，毒腺的毒液输出管开口在毒牙的基部。毒蛇咬人的时候，毒腺上面的肌肉一收缩就把毒腺里面贮藏的毒液压入毒牙的管道，注射到人体里面去了。

毒液进入人体后，随血液循环散布人体全身，人就会中毒。

那么，人中毒的症状是什么样子呢？

这主要看毒液里含有什么毒素。

原来，各种毒蛇的毒液里面所含的毒素是不同的。金环蛇、银环蛇和海蛇的毒液里，主要是神经毒。人被它们咬了伤口很少出血，不红不肿也不怎么痛，伤处只有轻微的麻木感。几小时后，全身症状出现：呼吸肌麻痹，导致人呼吸困难，甚至呼吸停止。

有趣的 少儿科普书

五步蛇、竹叶青、蝰蛇的毒素，主要是血循毒。人被它咬了，伤口出血多，很痛，肿得很快，出现血泡、淤血斑。厉害的，脑膜和内脏的黏膜也会出血，还会出现头痛、恶心、呕吐及心跳加快等症状。中毒深的，若不及时抢救，就有生命危险。

眼镜蛇、眼镜王蛇、蝮蛇的毒液里，既有神经毒，也有血循毒。所以，此类蛇对人的危害就更为严重。

毒蛇的蛇毒，其毒性是很厉害的。就拿蝮蛇的毒性来讲，1克干蛇毒，只有花生米那么大一点儿，却能毒死几百只兔子，上千只豚鼠，或者几万只鸽子。拿人来说，只要有百分之几克的蛇毒进入血液，人就会送命。

看来，毒蛇的确是很凶恶的动物。全世界有20亿人口的地区受到它们的威胁，每年被咬伤的有几十万人之多。据说3000万人口的缅甸，每年被毒蛇咬死的就有3000人。印度的情况就更严重，每年有三四十万人被蛇咬伤，死的也有3万多人。

不过，事物总是一分为二的：一方面蛇毒对人和动物是一种有毒的物质；另一方面，蛇毒又是一种有用的物质，可以用它来制造医治毒蛇咬伤的特异性药物——抗蛇毒血清，也可以用它医治其他疾病。

抗蛇毒血清，是治疗毒蛇咬伤的特效药物。万一被毒蛇咬伤后，只要及早注射抗蛇毒血清，即可控制症状发展，使用越早，疗效越好。

抗蛇毒血清之所以能治疗毒蛇咬伤，是因为它能中和进入体内的蛇毒。

奇妙的是，蛇毒还能给人治病。

我国的科技工作者，已将眼镜蛇毒中的神经毒分离提纯，制成了眼镜蛇神经毒药物，这种药对于关节痛、麻风痛、三叉神经痛、坐骨神经痛等慢性疼痛和晚期癌痛均有良好的镇痛作用。

国外还用眼镜蛇毒治疗肌肉萎缩性脊髓侧索硬化症，用银环蛇毒中的酶类医治重症肌无力，用蝰蛇毒制止血友病等引起的局部出血。

近年来，国外有人从产于东南亚的一种红口腹毒蛇的蛇毒中，分离提纯了一种药物，叫"阿芬"。据报道这种药物不仅可以治疗血栓病，还能防止癌的转移。我国产的五步蛇蛇毒中，也有类似的成分存在。

看来，人类对蛇类特别是毒蛇的蛇毒的研究，还有很多课题，需要深入地探索，相信在不久的将来，蛇毒的秘密，可以被人类逐步地揭示出来。

让水蛭为人类服务

水蛭是对人类有害的一种动物，被称为"吸血鬼"。

水蛭，又叫蚂蟥，属环节动物门，蛭纲，水蛭科。

据科学家研究，全世界的水蛭约有650种，在动物大家庭中，水蛭只能算是少数民族。水蛭种类虽少，但生活的范围却很广，高山湖泊，沙漠水沼，以至极地海洋中，都能找到它们的踪迹。

水蛭的身体分节，扁圆而细长，最长的竟达75厘米。它的头部和尾部各有一个吸盘，可以紧紧地吸附在人或动物的身体上，在头部吸盘的中央处是口器。

有人把医用水蛭的口器放在显微镜下观察，看到三块辐射状排列的锯齿颌片，每块上有 60 ～ 100 个齿，很像圆盘锯的锯片。

当它咬人时，颌片切入皮肉后，采用往复运动的方式，沿三个方向咬成英文大写字母"Y"形切口，使鲜血不断流出。吸血时，它能分泌一种蛭素，这种物质具有抗凝血作用，能使血液不至于凝固，源源不断地流出。

水蛭一面吸血，一面通过排泄器官——肾管将血液中的水分排出体外，留取"精华"。

有人计算过，一只水蛭一次吸血量可超过其体重的3～4倍。

据实验，日本医蛭一次吸血量可超过其体重的5～7倍，难怪它有"吸血鬼"的外号。

为此，在水田作业的人恨透了它。

无疑，水蛭是人们的一害。

当人们遭到水蛭的叮咬之苦后，发现被叮咬的伤口流血半个多小时才会慢慢凝固，不过，当水蛭吸血时血液却始终不会凝固。

这些司空见惯的现象，激起了生物学家的极大兴趣。

于是，他们便提出了这样的设想：水蛭吸血时，可能会向人体分泌出一种阻止血液凝固的物质。

继而，科学家的思维又向前推进了一步，假如真是这样的话，这种物质是否可以提取出来呢？

不过，面对这一诱人的问题，生物学家经过许多年的努力，一直没有实现这个设想。

直到 20 世纪 50 年代，英国一位名叫麦克瓦特的化学家，才历尽艰辛克服了种种困难，终于找到了水蛭体内的这种"宝贝"。

麦克瓦特参考了以往的文献，经过周密思考，设计了一个寻找水蛭"宝贝"的实验方案。

他首先收购了很多体重 1 克左右的水蛭，并让这些水蛭饿了 3 个星期，使它们饥饿难当，最后在 - 10℃下，把它们杀死，并用石英砂磨成浆，加入食盐水搅拌，再注入稀盐酸溶解，弃去残渣后，用酒精和丙酮溶液分级提取，再用酸性土吸附，最后再经过一番纯化。

这样，麦克瓦特从 1000 条水蛭中，得到了 0.2 克"宝贝"。麦克瓦特根据它的学名给它起名叫蛭素。

从此，蛭素这个名字便进入了生物学词典。

那么，蛭素为什么能阻止血液凝固呢？

原来，蛭素是凝血酶的对头，它能封闭凝血酶起催化作用的活动中心，使凝血酶失去催化作用，这样，血液内可溶性蛋白质就不能变为不溶性蛋白质。

目前，蛭素在医学、生物化学方面，已大显身手。

譬如，蛭素可用于定量测定人体凝血酶，方法十分简便。在一定量血液中，加入已知量蛭素，从血样中剩下的蛭素量，就可以计算出血液中凝血酶的量。

难怪生物化学家正准备用遗传工程的方法，让某些细菌源源不断供应大量的蛭素。

相信吗？英国还成立了水蛭科学协会，来进一步探"宝"哩。

令人称颂的是，人们利用水蛭咬过的伤口溶血不止的特性，将其化害为益，用它来治疗病人的局部充血。

有趣的是，1985 年 8 月，英国威尔士的一家生物药品公司，紧急空运 30 条医用水蛭，到美国马萨诸塞州的梅德福一家医院。

这样，一条水蛭被很快放到一个 5 岁男孩的再植耳朵上，吸着肿胀耳朵里的淤血。8 条水蛭被先后用来吸血，经过一段时间的精心护理，奇迹出现了：再植的耳朵保住了，孩子完全康复。

负责这次手术的显微外科医生狄瑟夫·厄普顿说："如果没有水蛭的帮助，植上的耳朵肯定报废了。"

1996 年，美国就有 5000 余人在接受断指再植手术后，利用水蛭的吸血本能消除了血肿，顺利地度过了难关。据统计，有6.5万条水蛭在这一领域大显身手。

美国一飞行员在一次事故中断了一根手指头，医生给他成功地施行了断指再植手术，但在手术36小时后，再植处伤口变黑发肿。

就此，医生马上订购了10条水蛭，并放在伤口上。

继而，奇迹出现了：这些水蛭显得异常兴奋，开始拼命吸食肿块内的血污，不到10分钟，患者创口处出现了新的血液，肿块渐渐消失。

美国南伊利诺州立大学生理学家罗索教授分析说，水蛭不仅吸走了"死血"，还由于水蛭唾液含有抗凝固、稀释血液和麻醉剂的物质，因而可有效地加快伤口愈合。

其实，人们将水蛭化害为益，用于医疗由来已久。中国和印度古代的医书中早有记载。

古代医生用水蛭吸取瘰肿部位的脓血，

公元前2世纪的古希腊还用水蛭来治疗毒蛇咬伤。中医学以水蛭干炮制后入药，用来破淤通经。

1820年到1850年，水蛭吸血疗法曾盛行欧洲。1824年德国一次就卖给英国水蛭500万条，由于大量捕捉，差点使水蛭在欧洲绝迹。

现在，英美等国的科学家用现代科学手段对水蛭进行研究，取得了富有成果的进展。他们用水蛭的神经系统探索了神经控制的内部工作机理，搞清了水蛭神经细胞借助血清素来调节游泳活动，还基本搞清了水蛭唾液中生化物质的种类和功用。

美国科学家罗伊·索耶夫妇还在英国的威尔士建立了生物药品公司，每年向20多个国家的研究人员和显微外科医生提供25000条水蛭，还提供水蛭素、南美水蛭素消凝素、扩散因子等产品。

再者，水蛭虽不是好家伙，但却能准确地预报天气，作为人们行动的参考。因为它对水中缺氧十分敏感，在下雨前，气压低，湿度大，水中缺氧，水蛭呼吸十分困难，所以在水中焦躁不安，上下翻滚，预示暴风雨就要来临。这也是将水蛭化害为益的又一个例证吧！

动物结石的药用价值

动物体内长有结石，是一种疾病的表现。

我们不妨从一个有趣的故事说起。

时光要倒回至中世纪，一天，波斯王宫来了一个献宝人，他声称有一种宝物能防解毒酒。

国王听后，非常高兴，连忙传旨接见。

但是，打开华丽的盒子，里面竟是一块貌不惊人的乌青色的小石头。国王大怒，认为受了愚弄，便下令将献宝人处决。

献宝人不慌不忙地说："且慢！待检查完这颗宝石的作用之后，再杀不迟。"

于是，他让人取来一杯放有砒霜的毒酒，然后把"石子"放于杯中。

时过片刻，他端起毒酒一饮而尽。

围看这一惊险场面的君臣们，个个心都悬到了嗓子眼，料想献宝人定死无疑。

然而，时间一分钟一分钟地过去，献宝人竟安然无恙，他不但没有死，还要了第二杯毒酒，照上面的样子喝了下去。

事实胜过雄辩。国王和他的大臣们不得不承认这颗乌青色的小石头确实是一宝。

不过，人们怎么也弄不明白，这颗不起眼的"石子"，为什么具有如此神奇的魔力？

原来，这颗解毒的"石子"的确有着不同寻常的来历，它不是来自圣山宝地，而是取自山羊、羚羊、无峰驼一类反刍动物的消化道，人们叫它"毛粪石"。

那么，反刍动物的消化道里，为什么会有奇异的毛粪石呢？

科学家们研究认为，反刍动物有舔食自己皮毛的习性，舔食后便在消化道里分解，当与食物中的矿物质结合，便形成了坚硬的体内结石——毛粪石。

毛粪石的主要成分是一种磷酸盐。它

在化学性质上与砷酸盐很相似，而砒霜就是一种砷酸酐，毛粪石中的磷酸盐吸收、置换了毒酒中的砷，因而使砒霜失去毒性。

毛粪石除了解毒的作用外，还可以用来治疗四肢麻木、神志昏迷、抽风痉挛，连皮肤溃疡也可以医治哩。

其实，毛粪石只是动物体内多种不同类型结石中的一种。

话又说回来，动物的结石，对动物来说是有害的，会给动物的健康带来不良影响；然而对人类来说，是不可多得的"宝贝"。

牛会得一种结石病。这种结石名叫牛黄，是一味难得的名贵中药材，其价之高，可与宝石媲美，比黄金还贵！

牛黄是生长在牛胆囊、胆管和肝管中的结石。长在胆囊里的叫"胆黄"，生在胆管里的叫"管黄"，从肝管取出的叫"肝黄"。

一头牛一旦生了牛黄，就是得了胆结石症。病牛多半枯瘦、食量少、饮水多，

行走无力。

因此，有丰富经验的宰牛师傅，宰牛时都注意检查胆囊、胆管和肝管有无卵形、球形、三角形或其他形的硬块，大者如小鸡蛋，小的像黄豆，表面色黄。如果有就是牛黄，可以说是如获珍宝了。这个意外的收获比牛本身的价值还大。

牛黄具有强心解热的功效，在中药里享有很高的声誉。

那么，牛是怎样得结石这种疾病的呢？

原来，当有异物进入牛胆囊、胆管、肝管中，刺激了细胞的分泌功能，其分泌物将异物包裹后，就会逐渐形成结石。

我国很早以前就发现了这种动物药物，并且应用在医药中。

传统的中成药有"安宫牛黄丸"、"牛黄清宫丸"、"牛黄解毒丸"、"牛黄上清丸"、"六神丸"、"牛黄清心丸"、"醒脑静"、"局方至宝丹"等，都是以牛黄为主要成分制成的。

临床上常用于治疗高热昏迷、惊痫抽

搐、烦躁谵语、小儿惊风、乙型脑炎、咽喉肿疼、口舌生疮、疮痈疔毒等症。

值得一提的是，除了牛能长牛黄外，马和狗也能长"黄"。马"黄"长在胃里，叫做"马宝"，它是马的胃结石，有镇惊化痰、清热解毒的作用。

狗的胃结石叫"狗宝"，有降气开郁、消积解毒的作用。

为什么动物身上的"黄"或"宝"都是中药材呢？

毋庸置疑，因为这些结石中含有大量的药用成分。

譬如，牛黄含有胆酸、胆红素以及钙盐，又含有胆甾醇、卵磷脂、维生素 D 等，对症下"牛黄"药，疗效是很显著的。

然而，要获得天然牛黄，犹如大海捞针。

面对这种"窘境"，科学家不甘消极等待，便进行了大胆的探索，用牛胆汁、羊胆汁和猪胆汁为原料制成"人造牛黄"，为制药工业提供了原料。

我国医药科研工作者通过积极探索、研究，在牛身上培育牛黄获得成功。

　　人工培育牛黄的方法是，在牛的胆囊中放进异物，促进胆汁分泌，并凝集在异物的表层，人为地造成了牛胆结石。经过一年多的时间再把异物取出，表层的凝集物就是牛黄。

苍蝇自体免疫的启迪

苍蝇被列为"四害"中的第一害。

你知道吗？一只苍蝇携带的病菌有1700多万个，有的甚至多达5亿个。

苍蝇是疾病之源，它不仅带菌多，而且传播疾病也多，伤寒、痢疾、肺炎、霍乱、肺结核、白喉和鼠疫等30多种疾病，都与它有关。

信不信由你，就是这种屡遭人们唾骂的"逐臭之夫"，随着现代科技的发展，竟意想不到地获得了科学家的青睐。

这种青睐，来源于科学家在重新认识苍蝇的过程中所产生的一个个"为什么"。

是啊，苍蝇既藏污纳垢，又出没肮脏不堪之地，为什么自己竟不会被传染上疾病呢？

"问题"就是研究的课题。

科学家的研究结果表明：一旦病菌在苍蝇体内"久留"，苍蝇就能迅速分泌出两种杀菌物质——"抗菌活性蛋白"和"细胞凝集蛋白"。

抗菌活性蛋白是一种广谱抗菌物质，具有强大的杀菌能力。

据研究，一毫克抗菌活性蛋白的有效成分，可杀灭苍蝇体内一切致病的病菌和病毒，它是一种比青霉素、红霉素等抗菌素效果更佳的抗菌剂。

细胞凝集蛋白的威力，从实验中得到进一步证实：科学家把小白鼠体内的"卫士"——吞噬细胞与念珠球菌放在一起进行培养，结果吞噬细胞被念珠球菌消灭殆尽；然而，当加入细胞凝集蛋白之后，奇迹出现了：吞噬细胞的护卫本领一下子增加了200倍，能把念珠球菌全部消灭。

科学家乘胜前进，又让小白鼠体内的吞噬细胞与乳腺癌细胞作一番较量。起初，

也是吞噬细胞败北，可是，一旦加入细胞凝集蛋白；吞噬细胞的"战斗力"便大大加强，把癌细胞斩尽杀绝。

于是，科学家设想对苍蝇进行人工培育，让它们分泌出更多的抗菌活性蛋白和细胞凝集蛋白，并采用化学方法加以分离和提取，那么，苍蝇不就能帮助人类杀菌、抗癌了吗？

令人欣喜的是，这种设想已变成现实。

据报道，日本东京大学药学系名取俊二教授等人，又从苍蝇中发现了6种新型抗菌物质。

他们发现，苍蝇体内的肽性化合物，含有一定的保护自身免受细菌感染的物质，具有阻止蛋白激酶活性的特殊功能。这种物质有望治疗与蛋白激酶活性有关的癌症及骨质疏松症。

同时，名取俊二等人还发现，这种新型物质有两种机能：一种是产生过氧化氢杀菌；一种是激活各种抗菌蛋白遗传基因，加强抗菌蛋白质的合成。

在我国，苍蝇的研究开发也取得令人欣喜的成果。

据报道，我国一家生产食用苍蝇的高科技企业，利用该成果开发生产出了蝇蛆粉，一上市便供不应求。

我国的科学家成功地从野生蝇蛆中驯化筛选出一种全新的"家蝇"——工程蝇，并设计一套蝇蛆工厂化生产的技术及制备工艺，这种制备工艺，就是把那种体形小、不善飞的苍蝇，关在严格封闭的笼中喂养，给以麦麸为主的精心配制的饲料，每对苍蝇150天即能繁殖191亿只幼虫。由于苍蝇具有很强的富集能力和免疫功能，能有效地吸收食物的营养成分，同时能抵挡住各种病体对自身的侵入，因而它不仅对人体和环境无毒无害，而且营养丰富。

据科学家测定，蝇蛆的蛋白质含量比甲鱼高12%，氨基酸含量是甲鱼粉的10倍，研究还表明，蝇蛆不仅极富营养，而且是人类必需的一种抗菌蛋白。

目前，昆虫专家们以蝇蛆抗菌活性营养粉为主要原料，研制出了康复胶囊等系列产品，并将在深层次的开发上下功夫，取得了蝇蛆开发实破性的进展。

屎壳郎应聘进澳洲

屎壳郎学名叫蜣螂，具有食粪性，天天滚粪球，肮脏不堪，难怪它的名字不那么好听。

屎壳郎的最大特点是喜欢滚屎球。你可知道它滚屎球的"绝招"吗？

原来，屎壳郎的头前面非常宽，上面还长着一排坚硬的角，很像一把种田用的圆形钉耙。

这圆形的钉耙可有着独特的作用，能将潮湿的人、畜粪便堆集在一起，压在身体下面，用3对足搓动。

起初，搓动时是一大堆不大也不圆的成块垃圾，经过慢慢地旋转，就成了枣子那么大的圆球。于是屎壳郎"夫妇"便把圆球推着滚动，粘上一层又一层的土，有时地面上的土太干粘不上去，它们还会自己排些粪便粘土哩。

圆圆的粪球，是雌雄屎壳郎合作的结晶。

不知你观察过没有，屎壳郎推粪球时，是一个在前一个在后，前面的一个用后足抓紧用前足行走，用力向前拉；后面的用前足抓紧用后足行走，用力向前推；碰上障碍物推不动时，后面的就把头俯下来，用力向前顶。

令人不齿的屎壳郎，足迹几乎遍及全球。现已定名的有 14500 种以上。

其貌不扬的屎壳郎，还"应邀"出国到过澳洲哩。

原来，18 世纪后，英国移民把 3 头公牛和 5 头母牛用船运到澳大利亚，使它们成为这片土地的新"移民"。

澳大利亚对动物的生长来说，具有得天独厚的条件。那里气候温暖，河流纵横，土质肥沃，是"风吹草底见牛羊"的大草原。

新运来的 8 头牛，没有辜负主人的期望，迅速地繁衍生息，很快"牛丁兴旺"，组成了庞大的牛群。

然而，好景不长，牛群排出的代谢废物——牛粪，却成了一大公害，成为养牛事业发展的一大障碍。

于是，满山遍野的牛粪，变成了苍蝇繁衍的温床。

那里，许多吸血蝇是靠吸牛的血而生存。蝇类是许多牛传染病的传播媒介，在许多次牛传染病流行期间，一度使成千上万的牛死亡。

还有，大面积的牛粪覆盖在草原上，严重地妨害了牧草的生长。

科学家深为牧草的生长着急，便进行了认真地调查研究。澳大利亚是袋鼠的乐园，袋鼠的数量很多，但是它们并没有留下大量的袋鼠粪便。他们发现，是因为那里有一种黑褐色的小甲虫，喜食袋鼠粪，整天忙碌在袋鼠粪堆上。

这种小甲虫有着惊人的处理袋鼠粪便

的能力，几个小时之内，亿万只小甲虫能把几十公顷土地上的袋鼠粪统统吃光。

不过，这种小甲虫的"脾气"很怪，只对袋鼠的粪便感兴趣，对其他动物粪便则不闻不问，尤其是不愿吃牛粪。

科学家认真分析了3只处理袋鼠粪的小甲虫后，便大胆提出这样的设想：能不能找到能分解牛粪的昆虫呢？

科学家研究的可贵之处，在于大胆地提出问题。

于是，科学家从好几百种食动物粪的昆虫中，逐步分析淘汰，最后选择出几种既能适应澳大利亚的气候，又对牛粪特别感兴趣的昆虫。

最后，科学家们把最佳者定为中国的屎壳郎。

屎壳郎不仅能食牛粪，还能分解人粪和几乎所有动物粪便，且能够吃掉散布在草原上的、腐烂了的、已滋生了微生物的小动物尸体。

小小的屎壳郎，食量特别大。

据观察，屎壳郎每天能吃掉比它的体积大 2 倍的粪便。

屎壳郎在饱食粪食之后，还要把残留的粪便用前后爪滚成比其自身大几倍的圆球，再推到它所栖身的洞里作为"储备粮"储备起来，或作为未来子女的食物，这样也算尽到了做父母的责任。

屎壳郎的除粪能力十分惊人。有人做了个试验：用一升新鲜的牛粪做成一个牛屎堆，一天后粪堆消失了，所有的牛粪已被各种屎壳郎用巧妙的方法贮于地下。

20 世纪 70 年代，澳大利亚就开始从中国进口屎壳郎，借以消除那里过剩的牛粪。

现在，已有大量的中国屎壳郎散布在澳大利亚的草原上，它们已将遍布在草原上的牛粪吃掉了，显示出了中国屎壳郎的优势。

这样，随着牛粪的减少和消除，牧草恢复了昔日的苗壮，蝇类由于失去了滋生物，蝇口锐减，因而也就降低了牛群传染病的发病率，降低了牛的死亡率，促进了澳大利亚养牛事业的发展。

从外域选引屎壳郎，成功地治理域内的牛粪之灾，是澳大利亚近年来的最大的科研成果之一，也是生态学研究上的一大创举。

有毒动物的应用

大自然造就的动物，形形色色，其中有毒的动物并不少见。

你可知道，对有毒动物的开发利用，有着重要的科学价值哩!

当我们吃着清凉爽口的凉拌海蜇时，谁会料到它的触手里会有毒液呢!

海蜇的触手是它进行自卫的防身武器，那上边有着很小的刺细胞，刺细胞里有着刺丝囊，囊里有毒液。

当人和动物触犯它的时候，它会立刻从刺丝囊里弹出盘曲着的管状刺丝，直刺来犯之敌，好像注射器注射药液一样，把毒液注入"敌人"的身体里。

当然，这只倒霉的动物就被麻痹，最后成为海蜇的一顿美餐。

不过，大家不必担心，海蜇毒液的毒性一旦离开水以后就消失了。海蜇经过加工以后吃起来会平安无事，没有中毒的危险。

人们发现，海蜇刺丝囊里的毒素在临床上有一定的医疗价值，可作为医治心血管系统疾病的药物。有一种海蜇含有水母毒，其成分为荧光蛋白，可以制造诊断心脏异物和癌细胞转移的药物。

斑蝥（máo）是一种会飞的昆虫，身体大约有 2 厘米长，全身黑色，在它的翅膀基部有两个大黄斑，身体中央的前后各有一条黄色的横带。

你可别小看斑蝥的个子不大，它的毒性可不小哩！

斑蝥在足关节的地方，能分泌出一种含有斑蝥素的黄色毒液。这种毒液对人、畜的皮肤、黏膜都有较强的刺激作用。

人或牲畜不慎接触到这种毒素以后，皮肤上立即出现红斑或者水泡。

如果误食了这种黄色毒液，情况就更

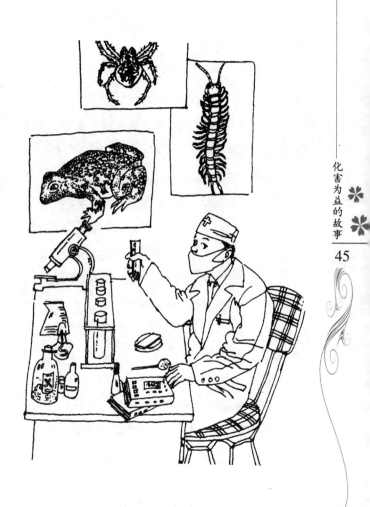

糟糕了：轻的，消化道被毒素刺激发生溃疡；重的，全身出现多种中毒症状，甚至还要丧失生命呢！

斑蝥的毒性这样大，人类是否可将其化害为益呢？

在自然界中，许多有毒的生物，其应用价值很高。

我们的祖先，在很早以前，就开始利用斑蝥治疗疥癣、疬子、狂犬咬伤等疾病。

现代医学中，外用斑蝥酊治疗牛皮癣、神经性皮炎，疗效也很好。

据报道，用复方斑蝥素治疗肝癌，也有一定的疗效。

被蜜蜂蜇过的人都知道它的厉害。蜜蜂的腹部末端有个带钩子的螫针，蜂毒就从那里排出来。

虽然蜜蜂的蜂毒毒性不算最大，但被它螫过以后，红肿的皮肤疼痛烧灼，也足以让人难受几天。

如果不小心触犯小蜂群，几百万只蜜蜂向你袭来，那时候，就更危险了。大量的蜂毒注入人体，会使心脏血管系统出现紊乱现象，呼吸困难，面色青紫，最后导致呼吸中枢麻痹而死亡。

奇怪的是，养蜂人每天跟蜜蜂打交道，经常被蜜蜂蜇伤，然而，他们很少有人患风湿病。

善于追根究底的人们不禁要问：这是怎么回事呢？

经科学分析，这是蜂毒起的奇妙作用。

后来，蜂毒就被广泛地应用于治疗风湿病、神经炎和神经痛、皮肤病、高血压等多种疾病。

同时，科学家们还发现，蜂毒可以防止 X 射线对肌体的侵害。

鉴于蜂毒对人类的治病作用，科学家发明了"电取蜂毒器"，这种仪器构造简单、灵巧。取毒时，只要把电取蜂毒器安装在蜜蜂的家门口，便可以使蜜蜂准确地把毒汁排在特制的白纸上，取出来的蜂毒质地纯净，剂量准确，而又伤害不到蜜蜂。

科技工作者将采取的蜂毒，制成"蜂

毒注射液"，让蜂毒更好地为人类的健康服务。

蜈蚣是有毒的动物，可把它晒干，制成药材，对治疗高热、哮喘、风湿痛和四肢抽搐等症都有显著的疗效。

还有，蟾蜍的皮肤腺里分泌的有毒白色浆液，能提取"蟾酥"。这是医药中的宝贝，有强心镇痛、止血和治疗疮疾等功效。

用蟾酥配制成的六神丸，是驰名国际市场的中药。

有趣的
少儿科普书

兔害与黏液瘤病

兔子红眼睛，长耳朵，柔顺乖巧，深得人们的喜爱。

然而，物极必反，兔子多了也会造成兔害。

那么，你听说过兔害的故事吗？

澳大利亚原本没有兔子，只有袋鼠、袋熊、鸵鸟等少数种类的动物。

1859 年，有人把 24 只兔子带到澳大利亚。由于兔子的繁殖既多又快，再加上澳大利亚没有豺、狼、虎、豹等肉食动物，兔子没有天敌，生的多死的少，很快"兔口兴旺"。

谁料二十几年后，在澳大利亚的兔子兔孙广布全国。大片大片的庄稼、牧草、树木被啃得不成样子，农业生产急剧下降，牛羊陷入饥饿状态。

面对这种难以控制的兔害，政府部门不得不出面干涉，政府以收购兔子的措施来鼓励人们灭兔。

1887 年一年之内，新南威尔士省就捕杀了 200 万只兔子，可是，这些捕杀行动似乎没有多大作用。

到了 1901 年，政府不得不投巨资，建立了一条防止兔子西窜的"万里长城"——铁丝网。网高 2 米，1 米埋入土中，1 米露在地上。从澳大利亚北部到南部，全长达 200 多英里。

同时，政府还派遣骑着骆驼的卫兵巡逻，严防兔子逃亡进入主要农业地带。

不过，政府虽然用尽全力，然而兔子却照样从网外挖洞，绕过网底而钻进草原和庄稼地里。

到 1928 年，兔子的地盘已达澳大利亚大陆的 2/3。

但是，不论采取什么措施都是白费，几百万只兔子，照样疯狂地毁灭着牧草，

啃食着树皮……

兔害，人们为此伤透了脑筋。

面对兔害，人们还采取了这样一种措施：在田野上开动推土机，使受惊的兔子到处奔跑，而人们拿着棍棒跟随追打。

此情此景，曾经被拍入澳大利亚的新闻影片，但还是不能把它们彻底消灭。

人和兔子进行的这场"战争"，一直持续了半个世纪。

直到 20 世纪 50 年代，才有人想出了一个科学的方法：利用传染性很强的黏液瘤病毒，对付可恶的兔害。

黏液瘤病毒，传染性强，对动物的危害很大，用它来同兔子"作战"，正是化害为益的一种具体应用。

这样，失去控制的黏液瘤病的病毒，显出了原有的"特长"，很快在兔群里传播开来。

时间仅仅过了两年，兔子因受到黏液瘤病毒的"袭击"，死亡不少，大伤元气，兔灾得到了控制，而其他的动物则安然无恙。

动物粪便的科学应用

动物的粪便，肮脏不堪，有些臭味难闻。

然而，有些动物的粪便，却有着独到的作用。

奇妙的是，有的动物粪便并不臭，反而是香的。

海洋动物抹香鲸的粪便叫"龙涎香"，它的香气浓重而柔和，经久不散，留存的时间比素有"香料王"之称的麝香还要长几十倍。

你可知道，用1千克"龙涎香"做原料，可制出500千克重的名贵香水。

或许有人会大惑不解，抹香鲸的粪便怎么会是香的呢？

原来，当抹香鲸肠胃里生肿瘤或者是消化不良时，便会产生一种特殊的分泌物，因而形成一种芳香四溢的物质——龙涎香。它为黄、灰、黑色的蜡状物质。

牛粪不仅可以做肥料，还可以用来做燃料。

据测定，热解1吨牛粪可以得到396立方米可燃气和49千克燃料油。

有人计算过，一个有40头牛的农场，它的牛粪所提供的可用能量，相当于20立方米的石油所产生的热量。

还有，科学家利用牛粪液呈微酸性的特点，研制成功了一种牛粪直接发电的装置——牛粪电池。利用碳棒做正极，用一个锌容器做负极，用稀牛粪做电解液，能产生1.25伏的电压，由4个电池组成的电池组，可以给一台半导体收音机提供足够的电源。

现在，科学家正在研究大容量的牛粪电池发电。一旦研究成功，人们就可以获得廉价而又方便的电能了。这在边远的牧区具有重要的意义。

有些家畜家禽的粪便，还可以用来做其他一些畜禽等动物的饲料。

譬如，用鸡粪可肥育虾池，这要比一般的方法好得多。

牛粪在50℃下发酵5～7天，然后干燥，干物质蛋白质的含量比原来增加1倍多，氨基酸的含量是原来的3倍！

蚯蚓的粪便，越来越受到人们的青睐。

首先，蚯蚓的粪便可作为肥料。

其次，蚯蚓粪还具有极好的除臭本领，为防治大气污染开辟了新的途径。

原来，蚯蚓吃了带有微生物的土壤和有机物质以后，随着食物的消化，同时还能促使某些微生物大量繁殖。这样，在排出的蚯蚓粪中，微生物的数量要比蚯蚓所栖息的土壤中微生物数量多几十倍。

有人培育出一种蚯蚓，1克蚯蚓粪能够分解恶臭剧毒的硫化物、氨气的细菌和放线菌达3亿7千万个左右。这些微生物以蚯蚓粪为生长、繁殖的基地，并善于把吸附的硫化氢、硫醇、氨气等臭气迅速分解为无臭气体。

在日本，有人把这种蚯蚓粪当活性炭

应用，装在特殊的容器里，制成各种型号的脱臭装置。这种脱臭装置，可以广泛应用在粪尿处理场、下水道、污泥处理场、畜产制品厂、皮革加工工厂、化工制品厂、石油化工厂、造纸厂、酿造厂和食品加工厂等单位。

相信吗？有些动物的粪便竟可以入药，祛病保健哩！

蚕粪叫"蚕沙"，是一味中药，具有祛风燥、明目、化淤、消渴等功效。

"蚕沙"可主治关节不遂、风湿痛、腰腿冷痛和皮肤风疹；还可以治疗眼结膜炎；用来治疗传染性肝炎，胃、十二指肠溃疡等疾病。

再者，"蚕沙"还有独到的应用。

以食桑叶为生的蚕，它的粪便还是提炼叶绿素的重要原料。提取出来的糊状叶绿素，加碱皂化之后，在酸性条件下，与硫酸铜作用生成叶绿素铜酸钠盐。

蚕粪还可以提取类胡萝卜素、植物醇和正三十烷醇，植物醇是合成维生素 E 和

K 的原料。正三十烷醇是植物生长素，能促进水稻秧苗及白菜的生长。

蝙蝠粪，中药名叫"夜明沙"，具有清肝明目、散淤积的功效。主治夜盲症、白内障；外用时，可治牙痛、耳漏、腋臭等。

鸽粪的中药名字叫"古龙盘"，有消肿、杀虫的显著疗效。

麻雀的粪便叫"白丁香"，能明目、解毒、润肾、除胀，主治疝气、耳痛、眼疾、白带、黄疸和冻疮等多种疾病。

使人意想不到的是，人们竟利用一些动物的粪便来恫吓危害菜园的小动物哩。

老虎、狮子、豹、熊等猛兽的粪便发出的气味，是吓唬驱逐野兔、松鼠等小动物的有力武器。

在美国俄克拉荷马城的市场上，猛兽粪便已成为"商品"。有人从动物园里买到猛兽粪便，并将它撒到菜园子里，用来吓唬兔子等小动物，使蔬菜免受其害。

凡此种种，动物粪便里面藏着的"学问"不是很值得探索吗？

鸡霍乱与鸡霍乱疫苗

鸡霍乱，是养鸡的大敌。

当发生鸡霍乱时，鸡群会很快在极短的时间内大批大批地死亡，给养鸡场带来灾难性危害。

那么，怎样来对付可恶的鸡霍乱呢？

对付鸡霍乱，可是一个非常棘手的问题。

人类在征服鸡霍乱的史册上，不会忘记昔日的一页。

1880 年，法国一位著名的微生物学家和化学家巴斯德，开始摆弄一种新的微生物——霍乱菌。这种微生物十分微小，即使是在最好的显微镜下观察，也只是一个稍弯曲的点，好像一个逗点。

巴斯德与助手用鸡汤在烧瓶中培养鸡

霍乱菌成功后，工作正式转入征服鸡瘟的研究阶段。

不过，这可是一件相当繁琐的工作，每天要把鸡霍乱菌的培养液注入鸡体，使鸡染上霍乱病，接着，对病鸡体内的霍乱菌进行第二次培养；然后，再用这二次培养的霍乱菌给另一批鸡注射，再取出病鸡体内的病菌继续培养……

这样一代一代培养、试验、观察下去，为了使培养出来的病原菌的毒性逐渐减弱，他们两人每天用培养液给一批鸡进行感染注射，24 小时后，被注射的鸡一一被霍乱菌夺去了生命。

继而，他们又对死鸡进行解剖，并取出新的病原菌，又继续培养……

培养出来的新菌苗一份又一份，被试验的鸡一批又一批地死去。

天长日久，巴斯德的实验室内充满了杂乱的废弃瓶子和废物。

一天，巴斯德和他的助手在打扫整理房间时，发现一只装有培养液而忘记使用

的烧瓶。从烧瓶的标签上看出，这瓶培养液已经 2 个月了。巴斯德摇了摇烧瓶，没有发现什么异常现象，认为里面的霍乱菌可能还活着，叫他的助手鲁沃拿去继续注射试验。

时间过去 2～3 个小时后，他们发现被这种过期菌苗注射的 3 只鸡，精神开始萎靡不振，以后又明显地出现发呆、停止觅食等症状。

于是，他们认为这 3 只鸡和前面被试验的鸡是一个归宿，必死无疑。

第二天一早，巴斯德按惯例来到鸡房准备将 3 只鸡进行解剖。

然而，使他感到十分惊讶的是，3 只鸡并没有死，正安然无恙地在啄食。

就此，巴斯德认为，这 3 只鸡没有死亡的原因，是注射的培养液已经过期，里面的鸡霍乱菌已经死亡。巴斯德检讨了自己工作中的失误，决定以后不再用过期的培养液注射试验。

事过多日，这件失误的事情已经被人

忘记，他们仍在继续进行着实验观察。

一天，他们把充满了大量霍乱菌的培养液注射到鸡的皮下，其中也有 3 只上次注射过"过期"培养液的鸡，当时他们并没有留意。

第二天清早，巴斯德和助手又去解剖一批做实验的死鸡，当他们走到鸡笼前，却被一件意外的怪事惊住了。

他们看到，在东倒西歪的死鸡中，却站立着 3 只生气勃勃的活鸡，经过详细核查实验档案资料以后，发现这 3 只鸡就是那天注射过期菌苗的鸡。

年过半百的巴斯德豁然开朗，兴奋异常地说："……这就是我一直在寻找的最终答案！应该说，这和琴纳的发现一样重大。病原菌在烧瓶中存放越久，它的毒性就越小。用这种菌注射后，鸡会出现轻度症状。这种培养液在鸡体内产生了对疾病的抵抗力，从而不会再受外来鸡霍乱病的传染……"

"我们发现的这种方法，将可以开辟征

服各种传染病的途径，不只是鸡可以应用，连猪、马、牛、羊甚至是人也都可以应用。"

这些老化的、毒性减弱了的、能够使人畜对疾病产生免疫力的毒菌，我们现在叫它"疫苗"。

自从微生物学家巴斯德发明了"鸡霍乱疫苗"之后，在对付鸡霍乱疾病上便有了锐利的武器，这可以说是化害为益的一个生动事例。

开发蚜虫

蚜虫，是农林业重要害虫。

蚜虫身体微小，仅 0.5～0.6 毫米，却能远距离迁飞，甚至可达 1300 千米，加上其复杂的生活史和多样性，使其能在寄生植物上生存，并对生活环境的每个变化高度地适应，无怪乎很少植物上没有蚜虫。

蚜虫，是农林业的死敌。

据统计，蚜虫可造成小麦减产 30%，棉花减产 40%，蔬菜、水果的产量与品质都因其危害而降低。

在历史上，人们不会忘记远在 1863～1888 年，由于葡萄根瘤蚜造成的毁灭性灾害，使法国 200 万公顷的葡萄园毁于一旦。

1863 年，我国安康地区因蚜害，竟使 80% 的豌豆无收成。

蚜虫除了直接危害农作物造成损失外，还能传播病毒。

1970年，由于麦蚜传播黄矮病，使陕西省小麦损失数亿斤。

在蔬菜上，蚜虫传播病毒造成的损失，远比蚜害本身还严重。

在森林里，蚜虫可使整片林木发黄、干枯，造成无可挽回的经济损失。

蚜虫对农林业的危害，真是罄竹难书。

蚜虫在植物的分布上无处不有，这与它独特的生殖特点有关。

雌蚜虫所生的后代有有翅与无翅之别。

在生活环境良好的条件下，只产生无翅个体，当环境恶劣时，有翅个体便会出现。

蚜虫在不同的季节，其繁殖方式也是不同的。

在春夏季营孤雌胎生繁殖，到了秋冬又会出现雄蚜，进行两性生殖。

蚜虫，是昆虫世界中繁殖速度的冠军。

当气候适宜时，蚜虫每隔4~5天就繁殖一代，成虫能活10多天，可产幼蚜60~

70个。

有人曾做过一个测算：一只雌棉蚜生下的后代，如果能够生存下来继续繁殖，那么从6月中旬到11月中旬，经过150天，可繁衍6万亿头。棉蚜体长不到1.5毫米，如果把这么多棉蚜排成队，能绕地球260亿圈。

不过，这仅仅是个测算数，由于天敌及不适宜气候的影响，实际数目远低于此。

蚜虫吮吸植物汁液时，用下唇尖端的感毛向四处探索，等它发现适当的地方以后，先伸出针状的大颚把植物表皮刺破，然后，用针状的小颚顺着大颚刺破的伤口插进去，便可以吮吸植物的汁液了。

蚜虫很小，体重仅320微克，最小的仅10微克。但它一生却要取食3084微克的植物汁液，对植物造成严重的危害。

蚜虫取食的大部分汁液，都经腹管排出体外，称为"蜜露"。

譬如，以一段14米高的椴树上的蚜虫为例，一年它们可生产31000立方毫米的蜜露。

据科学家们分析，蜜露含有多种糖类和 19 种氨基酸，蜜露中无机物质和酶含量以及它在口味和香气方面都超过了花蜜，可见，它的营养价值很高，难怪古人称它为"甘露"、"神浆"。

蜜露这一独特的营养价值，引起了人们的关注。科学家们认为，随着人们生活水平的提高，蚜虫蜜露的开发利用也许应该提到议事日程上来。

危害农林业的蚜虫，也还有另一个有益的方面，它是科学家进行科学研究的工具。

科学家将正在取食的蚜虫口针剪断，因为口针插入植物韧皮部，所以靠细胞的膨压使植物汁液从口针流出，可依此来测定植物的营养成分。

蚜虫集善恶于一身。对此，科学家面临着新的课题：如何进一步加强研究，以期达到化害为益的目的。

有兴趣的少年朋友积极努力吧，让蚜虫为人类做出应有的贡献。

狂犬病与狂犬病疫苗

狂犬病，是一种可怕的传染病。

若是人被狂犬（疯狗）咬伤，不及时抢救和注射疫苗，势必百分之百地死亡，就是医学发达的今天，也是同样的恶果。

狂犬病人不仅无法挽救，而且死得很惨。

发作了的狂犬病人，首先表现为四肢无力，头痛，不思饮食，呕吐，喉咙紧缩。

一两天后，又出现吞咽受阻，呼吸困难，进而全身痉挛、狂躁、恐水、心慌意乱之极。有的甚至咬断自己的手指，挖烂自己的胸膛，直到神经麻痹而死，惨不忍睹。

要知道，在狂犬病疫苗尚未研制成功之前，人们就只能看着病人死去。

面对狂犬病的淫威，作为医生及微生物学家的巴斯德，深感忧虑和不安，决心征服这一人间的恶魔。

时光要拉回到1881年初，法国医生巴斯德和助手们开始研究狂犬病这一艰辛而伟大的工作，为拯救狂犬病人的生命拉开了序幕……

巴斯德和他的助手们冒着生命危险，在兽医里尔伯的帮助下，捕捉了患狂犬病的狗和狼。

当时，他们的研究是从疯狗的唾液开始的。

不过，这可不是一件轻松平常的事，收集疯狗口中一滴一滴带狂犬病原体的唾液，是非常危险的。

要知道，一旦不小心被咬伤，或者唾液沾到有伤口的皮肤上，实验人员将不可避免地在万分痛苦中死去。

当时，先后使用疯狗唾液、血液都未能形成满意的实验模型。

巴斯德不愧是巴斯德，当他仔细观察

被疯狗咬过的健康狗发病的过程时，终于发现疯狗是以神经系统症状为主，烦躁、紧张、恐水、痉挛、抽搐，最后瘫痪倒地而死。

于是，他决定改用病狗的脑组织浸出液，注入实验狗进行观察。

巴斯德惊奇地发现：通过这种实验，动物全部都在 14 天发病；而且用同样的方法，使包括兔子在内的许多动物都能产生狂犬病。

终于，实验模型的工作获得成功。

巴斯德早年在治疗"鸡霍乱病"及羊的"炭疽病"时，就已掌握了制造疫苗的方法——把病菌放置一段时间后，不仅毒性大大减小，而且有抗病的效力。因而他成功地制成了鸡霍乱疫苗和炭疽病疫苗。

于是，他利用过去研制鸡霍乱、炭疽病疫苗的经验，首先将患狂犬病兔脑的浸出液无菌静藏分为 1 天，2 天，3 天……到 14 天，分别给健康狗脑内注射，并分组观察，令人惊奇的是，除了第 14 天这一组

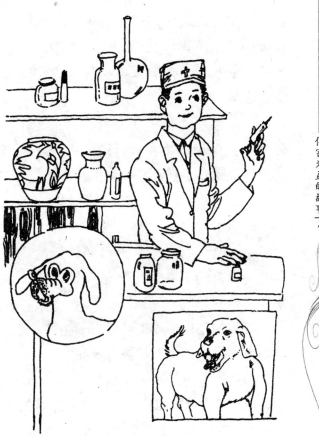

外，其他实验狗全部发生狂犬病死去。

一个月之后，他将存活的这一组实验狗，按照相反顺序用保菌第 13 天、12 天、11 天……的有毒浸出液，给狗注射，这些狗全都安然无恙，但作对照的健康狗却又都发病死去。

巴斯德一次又一次，一组又一组，一种又一种地用动物实验，结果都说明：疫苗有效地预防了狂犬病的发生。

就这样，一种能防治狂犬病的疫苗，终于诞生了。

法国微生物学奠基人巴斯德研制成功狂犬病疫苗的消息，在全球飞速地传播开来。

胜利的曙光，给患者带来了生的希望。

那么，疫苗对人是否有效呢？

当然，这还是一个未知数！

1885 年 7 月 6 日，一位面带愁容的中年妇女领着一个被疯狗咬伤的 9 岁小孩，用恳求的语调对巴斯德说："医生，请你救救我的孩子吧！"

巴斯德看着病情十分严重的孩子，犹豫了，因为这种疫苗还没有对人使用过啊！

正在举棋不定时，巴黎的两名医生也闻讯赶来了。

"巴斯德先生，您大胆地注射吧！只要有一线希望，我们就要争取啊！"两位医生鼓励道。

在当天晚上，他们把经过干燥14天的疫苗，仔细加水调制后，进行了第一次注射。第二天，第三天……连续注射14天。小孩最终竟脱离了危险，安然无恙，大家把一直悬着的心放下了。孩子得救了。

巴斯德成功了！

狂犬病毒本来是具有传染性的可恶病毒，但人们将其化害为益，以毒攻毒，制成了"狂犬病疫苗"，用来预防被狗（或猫）咬伤可能发生的狂犬病，实在是奇妙极了。

将昆虫作 "美餐"

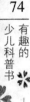

提到昆虫，人们自然会联想到作恶多端的害虫，给人类带来的种种灾难，于是，一种厌恶之感便会油然而生。

如果说把它作为食品，或许会有人感到不可思议。

其实，只要翻开人类的历史，将有害昆虫作为美餐并不乏其例。

世界各国许多地方的许多民族，很早就有吃昆虫的习惯。

《动物历史》一书，就有公元前18世纪中东人吃沙漠蝗虫的记载。

伊琳那著的《自然历史》中，也指出古罗马时代，群众喜欢吃一种木蠹蛾的幼虫，并用面粉促使虫体肥大。此外如古希伯莱人捕食蝗虫，美国的印第安人吃烧的蝗虫，澳洲人爱吃地老虎，非洲人取食白蚁，南美人嗜食红蚂蚁，西班牙人以蚊卵制出酱……

至今，欧洲人仍习惯将蝗虫晒干，磨成粉，加入面粉中烧制成饼干或面包。

非洲一些地方的土著居民，至今仍是将蚂蚁、白蚁视为美味。

美国加利福尼亚州南部的印第安人，还采集色彩鲜明的黄栎介壳虫，他们把这种介壳虫当作橡皮糖来食用。

墨西哥人喜欢把龙舌兰蚜虫烩或炒着吃。用蚂蚁跟洋葱、花椒、苹果片及柠檬片一起炒着吃，其味可与龙虾媲美。在墨西哥对蝗虫、粪堆虫、蚂蚁、蝉、黄蜂、苍蝇、蚊子、臭虫、白风等 57 种昆虫，有传统的食用习惯。

在苏丹，大小市场上经常出售人们最喜欢食用的油炸白蚁。白蚁的营养价值远比牛肉为高，100 克牛肉不过产生 30 卡热，而 100 克白蚁能产生热量 560 卡，超出 3 倍以上。

再者，我国也有吃昆虫的习惯。

有趣的
少儿科普书

我国传统的名点——八珍糕，就是用蝇蛆作调料。至今，北京、天津有些人仍喜欢吃油炸蝗虫。

中国科学院动物研究所昆虫学家刘举鹏在《科学报》上发表文章，提出蝗虫是值得开发的食物资源。

据分析，蝗虫体内含有 65% 的优质蛋白和人体需要的多种氨基酸，其营养价值超过肉类和鸡蛋。

昆虫，也是一些地区人们的重要蛋白质和脂肪的来源，据 1975 年国际红十字会调查，有数百万非洲人靠昆虫和植物根为生。

1980 年，第 5 届拉丁美洲营养学会和饮食学家代表大会上，提出为了补充人类食品不足，应该把昆虫作为食品来源的一部分。

我国作为缺乏蛋白质来源的国家，积极开发利用有害昆虫蛋白质资源，更具有重要的现实意义。

可以相信，随着"美食"与"除害"的相互结合，我国人民将会普遍接受"食用昆虫"，昆虫食品将会越来越多地出现在人们的餐桌上。

牛痘与牛痘疫苗

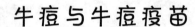

2000 多年以来，全世界流行着一种凶恶的疾病——天花，它威胁着每一个人。

染上天花，4 人中就有 1 人死亡，3 人留下残疾——麻脸、瞎眼或耳聋。

人们不会忘记，19 世纪欧洲曾发生过一次天花大流行，死亡人数竟达 1.5 亿以上。

今天，天花已在地球上绝迹了，这是人类长期通力合作，同天花作斗争取得的胜利。世界卫生组织已正式宣布："1979 年 10 月 25 日为世界天花绝迹日。"

是啊，历史上人们从认识牛痘到发明牛痘疫苗，是化害为益的典型事例之一。

说起牛痘疫苗的发明，还有一个曲折的故事哩！

有一天，在英国的一家医院里，一位挤牛奶的姑娘来看病，她高烧得都有些昏迷。琴纳大夫看过后，确诊为天花。这实际上就等于宣告那位姑娘的死刑，琴纳大夫感到悲悯和不安。为了减少对病人精神上的折磨，哪怕是短暂的，琴纳大夫不得不违背"医德"撒了个谎，开出了几片退烧药，把姑娘打发走了。

可是，过了些日子，琴纳大夫在医院门口又碰到了那位姑娘，他大吃一惊：因为在他的心目中，那位姑娘早被天花夺去了生命，即使不死，也被天花折磨得面目丑陋，生活在极端痛苦之中。然而，她却眨着清澈的双眼，开朗地微笑着，红扑扑的圆脸上，闪着青春的光彩。

不管怎么说，这是琴纳大夫从来没有遇到过的奇迹啊！

无情的天花怎么能如此宽容，让这位挤牛奶的姑娘"完好无损"？其中的奥秘又在哪里呢？

立志根治天花的琴纳大夫，决心要搞

清这一诱人之谜。

于是，他走出医院，跟随姑娘到了奶牛场。

只见，奶牛场的气氛与医院迥然不同。这里闻不到刺鼻的药味，而是飘散着轻淡的奶油香；这里听不到痛苦的呻吟，而是荡漾着欢声笑语。整个奶牛场竟没有一个人因天花而造成不幸。

琴纳大夫经过仔细调查，终于发现，天花不仅危害人类，也侵袭奶牛，几乎所有的奶牛都患过天花。

每当出天花时，牛身上便长脓疱——牛痘。当挤奶人接触到牛身上的脓疱后，手指上也要生出一个小脓疱——牛痘。

在整个奶牛场，凡生过一次牛痘的人，就再也不长天花了。足见牛痘具有抵抗天花的神奇般的作用！

或许有人会问：那位姑娘的病又是怎么回事呢？是琴纳大夫一时疏忽，诊断错了？

不是。正是由于挤牛奶姑娘的奇迹，

使琴纳大夫找到了抗御天花的牛痘，他兴奋的心情难以平静。

继而，他又想：不可能让每个人都进奶牛场来感染上牛痘，能不能把牛痘接种到人身上去，使所有的人都免遭天花的危害呢？他决心要把这个经过深思熟虑的想法付诸实践。

一个令人难以忘记的日子到了。1796年5月17日，正是琴纳47岁的生日。

那天，他的诊所意外地来了许多人。

不过，他们既不是来祝贺生日，也不是来看病，而是来观看琴纳医生破天荒的实验。房间中央坐着个名叫杰米的男孩，旁边站了一个包着手的姑娘，她就是挤奶工尼姆斯。几天前，她接触了奶牛身上的痘疮，手上也生了个小脓疱。

实验开始了，室内鸦雀无声。只见琴纳医生用小刀在男孩的胳膊上轻轻地划了几道口子，然后，从尼姆斯手上的痘疮里挑出一点淡黄色的浆液，小心地涂在男孩胳膊的刀口上。这就是人类历史上第一次种牛痘的实验。

过了几天后，小孩的胳膊上也生了一个小脓疱，后来痘疮结了痂，对健康没有什么影响。

那么，杰米还会不会患天花呢？

于是，他接受了严峻的考验。

两个月之后，琴纳又给杰米接种了天花，当然这要冒很大的风险。时间一天天过去了，杰米既没有发烧，也没有生天花，照常嬉戏玩耍。

成功了！人类历史上第一次种牛痘预防天花的科学实验，终于获得圆满成功。

后来，人们为了纪念琴纳，在巴黎和伦敦为他塑了纪念像。雕像下面刻了这样一行字："向母亲、孩子、人民的英雄致敬。"

此后，人们运用发明的"牛痘疫苗"，使技术更加完善，向人类凶恶的敌人——天花发起了猛攻，全球共同作战，终于取得了全胜。

1980 年 5 月 8 日，世界卫生组织第 33

届会议正式向全世界宣布："天花在全球彻底消灭。"

牛痘病毒告功引退，进入"冷宫"保存。

随着基因工程技术的迅猛发展，牛痘病毒再次复出，人们发现牛痘病毒是一种异常大的病毒，它的基因组庞大，并有许多非必需区，可以同时接纳几十个外来基因，并保持其完整的感染性；牛痘病毒对多种组织培养细胞敏感，作为活疫苗，易于大量、廉价制备。

牛痘病毒属于正痘病毒科，与其他病毒不同，牛痘病毒感染机体后，在宿主细胞浆中完成自身复制。

这样，如果将某一特定基因重组到牛痘病毒中，并以此重组病毒免疫动物，就可以得到物异抗血清。这样可以研制流感、疱疹、乙肝、艾滋病等多价疫苗，预防多种疾病。

据报道，利用牛痘病毒为载体，先后已有几十种病毒、寄生虫和其他一些原核、真核基因在哺乳动物细胞中得到表达，其中绝大部分保留了其自然状态所具有的生物活性。

有人用这种方法制成的抗艾滋病疫苗已注射到受试者体内，结果试验者的血液中确实产生了与艾滋病病毒感染时产生的同样抗体。此外，淋巴细胞也出现了能与艾滋病病毒对抗的免疫力。

有人相信，牛痘病毒可借助基因工程技术，化害为益，为人类再立新功。

死虫治活虫

在自然界中，常有这样的奇怪事儿：一些越冬的农作物害虫——玉米螟或三化螟的虫体变软了，体色也变黑了，仔细地嗅一嗅，还发出了恶臭气味。

这是怎么回事呢？

原来，这些害虫患细菌病死掉了。

有时，我们看到天花板或墙壁上趴着一些家蝇，姿态跟活着的一样，可是却动也不动，再仔细看看，原来它们已经死了。

那么，这些家蝇又患了什么病呢？

科学家经过仔细检查发现，在这些死蝇周围环绕着一圈散放的孢子——使家蝇致死的虫霉菌。

走到田野，仔细寻找，会发现蝗虫头部向上沿着杂草或灌木枝吃力地向上爬，渐渐地停了下来，胸足紧抱着植物茎干，僵直地死在这里。

究其原因，这也是由虫霉菌引起的病害。对这种病，人们给它起了个很得体的名字——"抱死瘟"，也叫"抱草瘟"，是蝗虫的一种流行病。

人们发现，蝗虫死去一小时后，便从节间膜上、分肢关节上、颈及触角基部，生出一种细丝状或绒毛状菌丝体，这些菌丝体常呈白色、淡黄色或绿色。

现在，不妨让我们再到松树林看看。

听，松林中发出"喳喳"的声音。

原来，这是松林的天敌松毛虫，正大口大口地咀嚼松针发出的响声。

大批凶恶贪食的松毛虫，常能使郁郁葱葱的松树成片成片地死去。树林"恨死"了这些可恶的敌人。

然而，在众多的松毛虫中，也有些精神不振的虫体。这些松毛虫起初食欲不振，爬行缓慢，浑身长出白茸茸的毛，僵硬而死。

松毛虫的这种病，传播很快，不几天，便使一片片的松毛虫浑身发白直挺挺地死去，甚至使松林中的松毛虫全军覆没，从而挽救了成片的松林。

或许有人问，这发生了什么稀奇事呢？

告诉你吧，使松毛虫害病致死的是一种真菌——白僵菌。

白僵菌菌丝的顶上长着孢子囊，孢子囊成熟后就裂开，成千上万的圆形孢子散落在松毛虫身上，就像种子落进肥沃的土壤，很快就发芽长出菌丝；大量的菌丝吸收松毛虫体液为营养，在虫体内迅速增殖、活动、生长，致使松毛虫僵硬而死，失去了昔日的淫威。

继而，白僵菌菌丝又长出孢子，再随风飘扬，去侵染另一批松毛虫，一批一批的松毛虫，便在不知不觉中被"扼杀"。

如此循环下去，松毛虫便会遭到灭顶之灾。

凡此种种，耐人寻味。

益虫生病，我们要帮助治病；害虫生

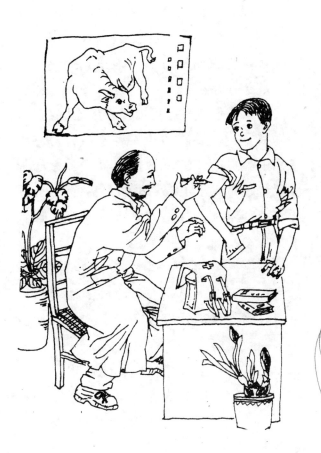

病，正符合我们的心愿。

继而，人们又想，让害虫都生病那该多好啊！

于是，人们从自然界中得到启示，开展了"以菌治虫"。

科学家们发现，可以用死虫治活虫哩。

就是说，要想消灭一种害虫，可先将害病的死虫搜集起来放在容器内，捣碎加水稀释，过滤出虫液，再加水稀释。然后，再将稀释液喷洒在被同种害虫危害的作物上，那么，同类害虫就会染病纷纷死去。

原来，死虫的身上一般都带有细菌、病毒等病原体，当死虫体液洒到活害虫身上时，病原体就会突然活化、传播，活虫会因此致病而死。

另外，害虫被捣碎时，能产生一种恐怖的外激素，喷到农作物上，同类害虫就会感到恐怖不安，有的拒食饿死，有的逃之夭夭。

无疑，这是化害为益的成功经验。

从 20 世纪 60 年代，世界各国竞相开发利用害虫的天敌微生物防治虫害的新技术，深得人们的青睐。

到目前为止，用于防治蔬菜害虫的"青虫菌"，用于防治松林害虫的"多角体病毒"，用于防治棉花红铃虫的"7216杀虫菌"以及白僵菌、黄僵菌、红僵菌、苏云金杆菌等均已相继问世，打开了害虫防治的新局面。

用多角体病毒防治松毛虫有着成功的事例。

山东省沂南一个林场，职工曾用患有多角体病毒病死亡的松毛虫，捣烂加水20倍，喷洒在林区13个点、片的松树上。3年来，在喷洒过的松树周围1500亩林区中，松毛虫病死率逐年增加；大部分林区未经药剂防治也没有发生虫灾。虫的密度由每株300头左右下降到1.5头。目前，用多角体病毒防治松毛虫的方法，已在全国各地普遍实行。

苏云金杆菌也是"活的杀虫剂"。据实验证明：苏云金杆菌对松毛虫、油茶毒蛾、杨树天社蛾、天幕毛虫、舞毒蛾、栎毛虫、避债蛾等森林害虫，都具有良好的杀虫效果。

譬如，用苏云金杆菌剂消灭松毛虫，在喷洒 72 小时后，其死亡率可达 80% ~ 90%；它也能防治农业害虫玉米螟、菜青虫、红铃虫和粘虫等。

不仅如此，苏云金杆菌剂还能"分清敌友"。它绝不伤害蜻蜓、螳螂、食虫椿象、食蚜虻和寄生蜂、寄生蝇等益虫。

尤其是对人畜也没有什么毒害，真是万无一失啊！

海蛇与海蛇毒素

提到蛇，大家是非常清楚的。不过，那是陆地上生活的蛇，称为陆地蛇。说到海蛇，了解的人恐怕就不多了。

陆地蛇和海蛇都是蛇，但它们却有着明显的区别。

海蛇的前半部细小，呈圆柱形，后半部变粗，尾巴不像陆地蛇那样细小如鞭，而是侧扁如桨，在海中游泳时，能像船橹那样左右拨水前进。

海蛇有在水中生活的形态结构。为了潜水的需要，海蛇的鼻孔长有一对可开闭的瓣膜，它的肺也变得特别长，几乎从喉咙一直延伸到尾部，既能储存空气，又能调节身体的上浮下沉。

海蛇和陆地蛇一样，全身披着鳞片，

不过海蛇的鳞片比较稀疏，体表有少部分没有被鳞片覆盖，这些裸露部位皮肤特别厚，可以避免海水中盐分渗入体内，同时起着防止体内水分蒸发、散失的功能。

全世界的海蛇大约有 50 种，可分为两大类。

一类是名副其实的海蛇，它一辈子恋着海洋，生殖方式也很独特，是卵胎生，受精卵在母体内发育成小蛇，小海蛇一离开母体，即可在水中游泳活动。

另一类海蛇必须在陆地产卵，到了生殖季节，它们从海边爬上沙滩，把卵产在那里，凭阳光照射孵出小蛇来。当然，这类蛇既有陆生蛇的特点，又有海蛇的特点，是水陆两栖的。

海蛇的生育交配极为壮观，每当生殖季节来临，常有成群的雌、雄海蛇聚在一起，有时数量多到数百万条，它们相互追逐，随波逐浪不断前进，其队伍有时延绵数千米之长。当它们聚集在海口处，甚至连船舶也难以正常前进。

需要指出的是，陆地蛇大部分是无毒蛇，而海蛇却全部有毒。

海蛇的毒牙极其锋利，毒牙与毒腺相连，牙齿的前缘有一小沟，当牙齿咬住食物时，毒液就从这里注射到猎物体内，把对方轻而易举地置于死地而加以吞食。

海蛇与陆地蛇一样，可以张开大口，吞食比自己的头还大的食物。

海蛇的毒性一般都较大，有的甚至比陆上眼镜蛇还大50倍，所以对人类是很有危害的。

平时，海蛇栖息于海边岩石周围或码头附近，当人们不小心触及它时，它会迅速发起攻击。被海蛇咬伤仅有瞬间刺痛及麻木，不红不肿，不痒不痛，常被人们疏忽，等1~3小时后，便会出现危害症状，抢救不及时，常造成死亡，这是水下作业者及游泳者所需要警惕的。

海蛇虽然有毒，对人能构成威胁，但我们可以化害为益。

其实，海蛇全身是宝，它的肉芳香鲜

美，常是人们盘中的美味佳肴。

海南岛居民把晒干的海蛇与鸡肉一起煮，烹调成"龙凤呈祥"的名菜。日本冲绳、琉球一带岛屿的居民，历来有食海蛇的习惯。

从医学角度来看，海蛇有祛风、燥湿、通络活血等功能。在海南岛，人们常在活海蛇开膛之前，先切去它 3 寸长的尾巴，将蛇血直接滴入酒内，搅匀后拿来饮用，对治疗风湿症很有疗效。

除此之外，海蛇身上提取的血清是治疗肝硬化、十二指肠溃疡等疾病的良药。蛇皮、蛇胆也都具有商品价值。

近年来的研究进一步证明，海蛇毒是一种不可多得的生化物质，医药上具有广泛的用途，蛇毒酶是生物工程学的主要试剂，蛇毒的某些成分，是癌症镇痛的最好药物之一。此外，它还是多种疾病的药物源，因而养蛇取毒已成为一种世界性的行业。

那么，如何来提取蛇毒呢？

斩头或解剖，是常用的方法，但是，每条蛇只能取一次。

路是人走出来的。我国广西北海市的有关部门，在长期的实践中创造一种"咬皿法"，取毒次数实现了"1"的突破。

其做法是，抓着海蛇的脖子，让它咬一只特制的器皿，以吸引它毒汁的排出。

无疑，这种方法既不伤害蛇资源，又可连续多次提取毒汁，真是一举两得。

蛇毒呈鸡蛋清状，无色透明。

现在，科学家又从海蛇的毒液中，分离出一种能够溶解纤维蛋白的酶，这种酶的药理是对脑血栓、冠心病和心绞痛等疾病有疏导畅通的作用，治愈率可达90%，被誉为"起死回生"的妙药。

我国有关部门研究、开发海蛇毒液的工作，已取得了突破性进展。一种名为"克痛宁"的新型镇痛药物就含有海蛇毒液的成分。经临床近千例试验证明，它对三叉神经痛、坐骨经神痛、反应性疼痛等顽固性神经痛，均具有良好的镇痛效果。其镇痛时间不仅长于吗啡，而且能避免成瘾，颇受患者的青睐。

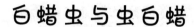

白蜡虫与虫白蜡

　　白蜡，又名虫白蜡，是白蜡虫寄生于女贞树上由雄虫分泌的蜡花，经过加工熬制而成的精品。

　　白蜡虫是寡食性昆虫，寄生植物多达20多种。

　　白蜡虫以植物的树叶为食，吸取里面的汁液，无疑对所寄生的植物要造成一定的危害。不过，白蜡虫雄虫的分泌物能加工成白蜡，而白蜡对人类又十分有益。

　　于是，人们将白蜡虫化害为益，让其生产出更多的白蜡来。

　　在我国的芷江，主要是用女贞树和白蜡树两种树来育虫挂蜡。

　　女贞树是耐寒的常绿小乔木，树高可达15米，但用做虫树时，可用人工控制在

2～3 米左右，它是雌虫越冬及早春产卵的良好寄生植物。

白蜡树是落叶乔木，树高达 10～15 米。截去主干后也控制在 2～3 米。冬季落叶，夏秋季生长旺盛，为雄虫的生长发育提供养料，使虫体发育健全，泌蜡量增多。

白蜡虫属昆虫纲，同翅目，蜡蚧科，是雌雄异体的昆虫。

白蜡虫每年只能繁殖一代子女。

当受精雌虫越冬后，于第二年三月上、中旬开始产卵。孵出的幼虫，常藏匿母壳下 10 天左右，然后离开母壳在枝干间上下来回爬行，人们把它的这种行为俗称游杆。60 天内即可固定在向阳叶面的叶脉上，并将口针如同扎针一般，插入组织内，吸食生长，人们把它这种现象叫做定叶。

继而，20 天后蜕第一次皮，进入第二龄期，而离开叶面。这样，它便选择在一二年生的嫩枝上，头部向下，尾部向上，终生定居下来，这叫定杆。50 天后蜕皮，变为成虫，就此又踏入交配生殖的鼎盛时期。

雌幼虫出现第二天后，即有雄幼虫爬离母壳，向上爬行群聚于背阴叶面，吸食生长。

雄虫定叶后，体背渐生白丝包被。半月后，蜕第一层皮，离叶到枝，依次一个接一个头部向上群聚于二三年生枝条下面，不再移动而形成蜡条，经四次蜕皮后而成为成虫。成虫交尾后，渐趋死亡。

这个时期非同小可，是采收白蜡的时期。

人们将采集到的白蜡，加工熬制，便制成了大有用途的虫白蜡。

虫白蜡是由高分子组成的动物蜡，主要成分是虫蜡酸、虫蜡醇酯。

商品虫白蜡，色泽洁白，无臭、无味，油滑而有光泽，质地坚硬而有脆性。

白蜡性质稳定，具有密闭、防潮、防锈、经久不腐、着光、生肌、止血、止痛、补虚、续筋接骨等作用，是军工、轻工、化工、手工和医药生产上的重要原料。

于是，人们便想方设法，研究白蜡虫的繁殖与丰产技术，以生产更多的虫白蜡。

虫白蜡是我国的传统产品，在国际上享有盛誉。

虫白蜡珍贵稀有，受产区的局限全世界也只有中国的湖南、四川等少数省为主产区。

物以稀为贵。我国的虫白蜡也受到世界各国的重视。

早在公元1615年，外国传教士就在我国进行白蜡生产调查。

19世纪英国驻华领事，也考察了中国的虫白蜡生产。

1922年，日本人对中国白蜡进行了研究试验，前苏联、美国、印度等地曾引种繁殖，但成功者很少，所以，越显出它的珍贵。

目前，我国的虫白蜡享誉海内外，深受国内外顾客的青睐。

紫胶虫和紫胶树脂

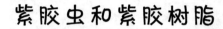

紫胶虫是一种微小的介壳虫，它生长在亚热带地区，专门生活在儿茶、菩提树、斑点榕等树木的枝条上。

紫胶虫的一个最大特点，是能分泌胶汁。

刚出生的紫胶虫幼虫，浑身呈红色，长约半毫米，比芝麻粒还小，它会沿着树枝爬到软而多汁的嫩枝上，固定下来。

在进餐时，它将"嘴巴"插入树皮的韧皮组织，以吸取树汁为生。显然，紫胶虫是寄主树的害虫，应该加以消灭。不过，请不要急于下这样的结论。

在某种意义来讲，生物界中的"害"往往还会对人类有"益"。

紫胶虫的幼虫是个小不点，彼此又靠

得紧，在 1 平方厘米的树枝上竟有 100 ~ 200 个之多。虫体的内胶腺分泌胶液，胶液逐渐积累变硬，形成胶膜盖住虫体，幼虫即在胶壳内发育成长和泌胶泌蜡。

这样，经过两三个月的定居生活，幼虫变为成虫。

雄成虫的形态不完全相同，有的长有翅膀，有的不长翅膀。成虫爬出胶壳，寻找雌成虫进行交尾。交尾后的雄虫很快死去，而雌虫在原地固定生活，开始大量泌胶。

因此，紫胶虫很像是一座座生产紫胶的"小工厂"，寄主树为"工厂"源源不断地提供原料。

紫胶虫为害寄主树，害苦了这些树木，影响了它们的生长。然而，紫胶虫所分泌的胶汁，确是人们不可多得的"宝贝"。

这样，人们可从紫胶虫"工厂"，源源不断地得到这样的产品。

紫胶虫"工厂"里的产品——紫胶树脂，大有用途哩。

当你走进家具店时，就会看到用紫胶树脂漆成的各种式样的大橱、五斗橱、台子、椅子，它们颜色多样，光度柔和，美观大方，连木头的纹路都清晰可见，深得人们的厚爱。

其实，紫胶树脂除了能油漆家具以外，在军事工业上还能大显身手。

紫胶树脂可涂饰飞机翅膀、枪支、弹壳、导火线，也可作为军舰、油库内壁的防腐漆。

同时，它又是上等的绝缘材料，如制造军用灯泡、电子管、雷管、变压器、军用仪表、无线电器材等都少不了它。

紫胶树脂可做黏结剂，玻璃与金属、金属与金属、电木制品之间，都可用它黏结。

紫胶中有一种成分，提取出来，能造防弹玻璃，并有防紫外线、防辐射等功用。

今天，紫胶又成为火箭生产的重要原料。由于紫胶树脂在军事工业上的重要作用，国内外都把它视为一种战略物资。

　　还有，紫胶能用于电气、油墨、机械、橡胶、塑料、制革、造纸、医药、食品等200多种行业。

　　真是各行各业都有紫胶树脂应用的踪影。

话说 "害虫也有益"

如果说"害虫有害",人们都能接受。假如说"害虫有益",人们可能觉得有点荒唐。其实许多害虫都有有益的一面,只是人们一向被"害虫有害"的传统思想左右着,没有想到化害为益的一面。

大家知道,棉花的主要害虫是棉铃虫。

为了对付可恶的棉铃虫,我国科学家深入黄河流域的棉区进行科学试验,他们采取"允许早期棉铃虫取食棉蕾,再摘去一部分早蕾"的方法,结果试验地块不但没有减产,相反还增了产,平均增产幅度为10%～30%。

这一试验结果非同小可,首次明确了大田作物与害虫的关系,发现并提出了生物学领域的一条新规律——生物超补偿规律。

生物超补偿作用，就是生物对于环境波动的一种适应性。

生活在一定环境中的生物，总是时刻不断地吸收和概括环境信息的变化，以调节自身的生活状态，使之适应于一定幅度内变化的环境，从而与环境保持相对平衡状态。

实际上，生物超补偿作用并非只存在于棉花上，而是广泛存在于生物界，只是没有被人们认识而已。

近年来，美国科学家培养成一种"无菌苍蝇"，试图用它来制作高蛋白质食品。然而，人们意外地发现，这种苍蝇只要稍稍沾上一点毒物就很快一命呜呼。

就此，苍蝇又被派上了特殊的用场——作为一种最灵敏的"生物仪器"，用来检测食物是否含有农药残毒。

这种独辟蹊径的新的生物技术，不仅为保障人类健康增添了新的检测手段，更重要的是它从反面证实了生物超补偿规

有趣的
少儿科普书

律。

其实，生物超补偿作用同样贯穿在人们的日常生活中。

譬如，一个人一旦降临人间，便有大量的细菌等微生物陆续在人体内"安营扎寨"，并随着人体的生长发育，其数量和种类与日俱增。

研究数字表明，一个正常健康人全身寄居的微生物大约有 100 万亿个，比人体自身细胞的数量还要多。这是多么惊人的数字啊！

是的，这么庞大的微生物群与人体互相斗争，互相制约，处于"共栖平衡"、和平共处的状态。

这些正常微生物不但与人体相安无事，而且对人体起着无以替代的作用，如肠道的菌群能合成维生素 K、维生素 B1、维生素 B2、维生素 B6、烟酸、蛋白质等，供人体吸收利用，以促进人体的新陈代谢和生长发育。机体正常免疫功能的建立也与微生物抗原的刺激密切相关。

试想，如果为了防止婴儿染上微生物，免遭"害虫"的危害，像培养"无菌苍蝇"那样，从出生之日起，就让其住在无菌的温室，喂以无菌的食物，这样培养出来的"无菌人"，除了充当环境污染的"生物检测仪"外，还会具有正常人的特性和素质吗？

由此，"害虫有益"对你的思维有什么启发呢？

鼠有百害也有一利

在地球上，对动物而言，老鼠是数目最多、生命力最强的哺乳动物，连放射性物质也没有使它断子绝孙。

1945年8月，日本广岛被美国一颗原子弹夷为平地，鸟兽绝迹，老鼠却很少受害。

鼠的种类至少有1700多种，它们适应能力极强，几乎什么都能吃，任何地方都能居住，能打洞、上树，会爬山、涉水，甚至跳进水里与鱼争食，从五层楼上掉下来，也不伤毫毛。它那长长的尾巴，在活动中起到了极好的平衡作用。

老鼠，是四害之一，其对人类的危害，真是罄竹难书。

历史上，关于鼠害的记载比比皆是。

老鼠是鼠疫、黑热病、斑疹、伤寒等20多种疾病的直接和间接传播者。

世界上发生过三次大鼠疫：第一次和第二次分别发生在我国隋朝（公元6世纪）和宋代（公元14世纪）。第一次，全世界近1亿人死于鼠疫；第二次仅欧洲就死亡2500万人，亚洲4000万人，仅中国就死亡1300万人。

第三次发生在19世纪末20世纪初，仅伦敦一地就死亡10万余人。亚洲近5000万人死亡，仅印度一国就死亡940万人。我国广东也死亡10万人。

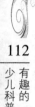

将这三次鼠疫死亡的人数累计，数目竟达3亿！远远超过任何战争造成的死亡。许多人口密集地区竟人烟绝迹。

鼠类有个共同的特点，就是长有一对不停止生长的大门牙，所以它们要不停地磨牙，不然，牙齿会长得撑起嘴巴无法进食而饿死。

这样，老鼠就要无可奈何地咬一些硬物来磨牙，以磨损不断生长的牙齿。因而，老鼠常咬坏衣柜、木箱，咬断电缆，造成停电事故。

在美国仅贝尔电话公司，每年就要花费几十亿美元的巨资，来弥补由老鼠咬断电缆所造成的损失。通过实验证明，电缆的硬度只有超过合金钢的硬度，才能不被老鼠咬坏。

老鼠偷吃粮食，更是"贼性难改"。

有人统计过，一只老鼠在粮仓居住一年，可吃掉12千克谷物，排泄2万多粒鼠粪，毁坏粮食40千克。全世界每年被老鼠糟踏的粮食约3500万吨，可供1000万人口的城市吃20年，损失相当于投向日本的两颗原子弹。

更有甚者，过度繁殖的鼠群在饥饿时，竟胆大包天，无所不为。

几十年前，尼罗河三角洲，数以百万计的老鼠大军在这一带横行无忌，不仅糟踏庄稼，而且出没于住宅和马路，甚至白昼行凶。家猫寡不敌众，往往成了老鼠的牺牲品。疯狂的鼠群甚至向狗和人进攻。

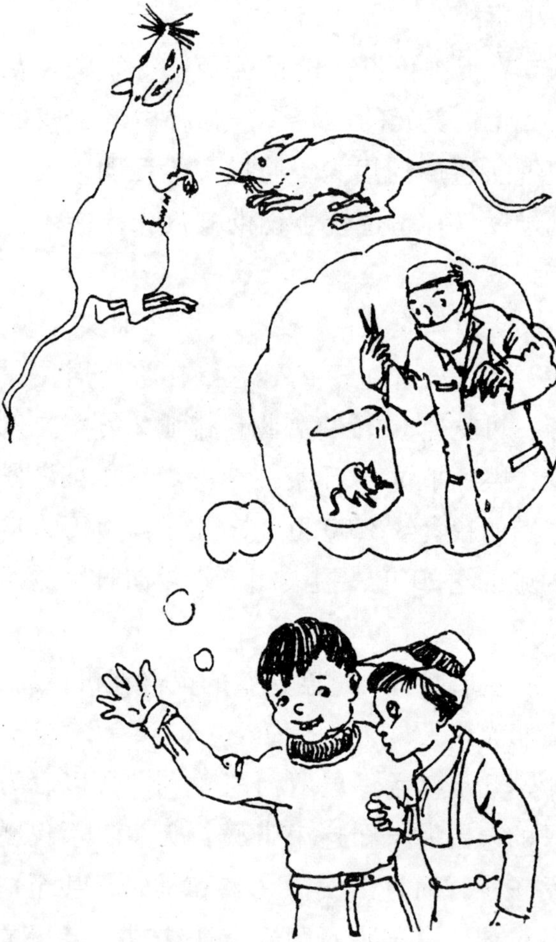

有一次，澳大利亚的亚卡斯特尔登镇被老鼠大军包围，成群的老鼠铺天盖地而来。两天之内，它们糟蹋了全镇的所有粮食和食品，连香烟、火柴也被"洗劫一空"。大街上交通断绝，警察动用了大量的化学武器，才把这些灰色的强盗清除掉。

不过，世界上绝没有一点也无用处的事物。

老鼠虽有百害，也有一利。

鼠皮柔软富有光泽，可以制裘；鼠毛水解后可制水解蛋白、胱氨酸等药品。

据营养学家研究，鼠肉营养价值超过牛肉，我国广东还把鼠肉作为餐桌上的佳肴。

老鼠奶汁中有乳肝褐质物质，它使老鼠在肮脏不堪的环境中很少得病。为此，科学家希望通过对鼠奶的研究进一步查明这种物质是怎样起作用的，以便使它为人类服务。

鼠肾中有一种可分解肾结石的物质，有人曾做过这样的试验，把很坚硬的肾结石放在鼠肾中，过几天结石竟被分解了。科学家正在研究提取这种物质，用来治疗人类的肾结石疾病。

科学家还用小牛软骨细胞培育制成了人造耳，然后把它移植到老鼠背上，几天后，人造耳就与鼠背皮肤长在一起了。这一试验的成功，使科学家看到了利用人的软骨细胞，不仅可以培养成耳朵，还可以制出鼻子等其他器官，为患有先天性缺陷的儿童、因意外事故而伤残者的器官移植带来了福音。

小白鼠常用来做医学实验，用来实验一些新制成的药品性能及有无副作用，还可作一些疑难病症的实验对象。

相信吗？有些人还利用鼠的敏感性来预报地震哩！

更有甚者，国外有人利用鼠觉灵敏、个子小的特性，将它训练成"警鼠"，让它们熟悉一些特殊气味，如毒品、火药等，在海关等部门帮助检查违禁的物品。

经过训练的老鼠，还可以探雷呢！

美国陆军部的雷蒙罗伦博士试验用老鼠探雷，取得了令人满意的结果。

他在老鼠脑袋里安上一种特殊装置，经过特殊训练后，它嗅到地雷中"TNT"的气味时，便会跟踪前进，直到踏上地雷为止。

这时候，操纵人员根据接收到的老鼠脑电波的显著变化，利用电脑探测，就会得知地雷的准确位置。

老鼠有一个特点，吃食后好运动。为此，德国科学家根据它的这一特性设计了一种"鼠力发电器"。用老鼠运动的力量推动半径为16厘米的金属轮子，结果产生出0.3瓦的电力。如果成千上万只鼠力发电器同时转动，足可以发出相当可观的电力来。现在德国科学家正在建立一个相当规模的鼠力发电厂。

可见，"人人喊打"的老鼠虽然危害极多，但是我们在消灭鼠害的同时，还要尽可能地化害为益，使它为人类服务。

青霉与青霉素

青霉，是常见的一种霉菌。

青霉常在柑橘、苹果、蔬菜、肉食、乳制品、皮革制品和衣服上"落户"，起先是白色，后来变成青色，因而得名青霉。

青霉的菌丝，是由许多长筒状的细胞连接而成的，所以青霉是多细胞的霉菌。它的菌丝有的蔓延在营养物质的表面，有的直立向上生长。

青霉的细胞里有细胞核，但没有叶绿素。青霉是通过菌丝从营养物质内吸取养料的，因而过营腐生生活。

青霉直立菌丝的顶端，长有帚状的结构。这种结构的每一个分枝，都有成串的球形细胞——孢子。孢子在成熟的时候变成青色，于是，青霉也就显出青色来。

你可知道，这些营腐生生活的青霉，虽然能"糟蹋"水果、蔬菜、食品，从那里摄取有机物，然而，它却又能产生一种叫青霉素的物质，如把它从青霉中提取出来，在临床上可作为重要的药物哩。

青霉素是治疗肺炎、脑膜炎等疾病的特效药。

青霉素是一种问世最早、深得人们青睐的抗生素，在临床应用颇为广泛。

说起青霉素的问世，还有一段曲折动听的故事哩！

青霉素的发现，带有很大的偶然性。人患疾病是由病菌引起的，自从这个秘密被德国微生物学家巴斯德揭开后，人类征服病菌的历史便揭开了崭新的一页。

为此，许多科学家、学者开始把研究的目标移向病菌，了解它们的奥秘，以便有效地控制它、消灭它。

人们在研究细菌的过程中，发现一种圆形小点儿的细菌，常聚在一起，像一串葡萄，人们叫它葡萄球菌。它有强烈的毒

性，每年要夺去成千上万人的生命，医生对它毫无办法。

美国细菌专家弗莱明想："病菌给人造成痛苦、死亡，是人类最大的悲哀。"他立志要探求消灭葡萄球菌的方法。

于是，他在许许多多培养碟里培养起了葡萄球菌。

科研的历程是艰辛的。每天早晨，他耐心地打开培养碟，吸出一点，染上颜色，放在显微镜下观察它的"芳容"。而每次这样观察时，在空气中飘浮的外来微生物总会落入培养碟里，生长繁殖，妨碍正常实验进行。

1928 年秋的一天早晨，弗莱明照例从许多培养葡萄球菌的培养碟里取出细菌进行观察。

突然一个培养碟里的一种奇怪现象引起了他的注意：培养碟里居然有一种青色霉菌在繁殖生长，而在这些"不速之客"的周围，葡萄球菌全部消失了。

这一偶然现象，立即引起了弗莱明的

极大兴趣，于是，他紧紧抓住这个问题不放。他立即记下了这个怪现象："是什么引起我的惊奇？就是在青霉周围相当广大的区域里，葡萄球菌溶化了，从前长得那样茂盛，而现在只留下一点枯影！"

善于追根寻源的弗莱明认真思索着，想要得到解开这个疑难问题的"金钥匙"。

经过多次观察，他终于发现了一个新问题：凶恶的葡萄球菌是被来自空气中的青霉消灭了！真是小鸡吃蝎子，一物降一物啊！

"这一定是青霉分泌了一种有强大杀菌能力的物质，才把这种病菌杀死的。"弗莱明以科学家所特有的敏锐分析着。

于是，他和助手把全部热情和注意力，集中到对青霉的研究上。

后来，他们把长满了青霉的液体过滤，得到一小瓶澄清的滤液，并把这种滤液滴入长满葡萄球菌的玻璃皿里，几小时后，葡萄球菌全部死亡。

接着，他们又把滤液稀释到 800 倍，

效果仍然很好。

1929 年，弗莱明向社会正式公布了他的发现，并把这种青霉分泌的杀菌物质叫做"青霉素"。

后来，人们经过不断地研究，才找到了一套大规模生产青霉素的方法。

就这样，青霉素这个科学骄子，在人间降临了！

值得提及的是，青霉素仅是抗生素大军中的一员，后来几经科学家们的共同努力，使得抗生素这支大军"后继有人"，兴旺发达。链霉素、庆大霉素、卡那霉素、红霉素……一个接一个降临人间。

有人做过统计，抗生素的出现，使全世界人口的寿命，平均增长了 10 岁。

无疑，这是一曲化害为益的凯歌！

菟丝子与黑斑病菌

自然界中，绿色植物的最大特点是从土壤中吸收水分和无机盐，从空气中吸收二氧化碳，通过光合作用，制成有机物，使植物枝叶繁茂，开花结果，茁壮成长。

然而，在默默无闻的植物中，居然有一个"懒汉"——菟丝子。它同人类当中的懒汉一样，游手好闲，专门依靠别人生活。

菟丝子是植物界中的"寄生虫"，它寄生在别的植物上，从被寄生植物身上吸取养分，养肥自己。

你瞧，菟丝子的长相有点奇特：由于长期过寄生生活，它的叶子退化成鳞片状，茎细弱发黄，分枝特多，在这许多分枝上到处长着吸器，夏天开白色小花。

菟丝子小时候也长在地上，是土壤中的"小公民"。

只是种子萌发以后，长出根伸入土壤，向上长出细茎。因为鳞叶不含叶绿素，没有制造养料的能力，所以它必须寄生在其他植物上，摄取养料维持生命。

假如在它周围是空旷的土地，没有可以依靠的植物，过几天它也就因缺乏有机物而"饿死"。假如运气好，在细茎生长的地方正好碰上大豆一类的植物，它就毫不客气地缠绕到大豆的植物体上面，使出浑身的吸器紧紧地吸住大豆的茎，从寄主身上吸取养分，开始了它"饭来张口"的寄生生活。这时候，菟丝子的根也就完成了它的使命，"寿终正寝"了。

大豆的根从土壤里吸收来的水和无机盐，叶子进行光合作用制造的养料，渐渐被菟丝子的吸器无情地吸走，眼看着大豆的叶子萎蔫了，茎软弱无力，生命危在旦夕。

菟丝子还有一个奇特的"本领"，当

被缠住的大豆营养供给不足时，它又会去缠绕另外一棵健壮的大豆，随后，分枝多的细茎就转移过去，继续过它的寄生生活，严重地危害豆类植物的生长发育。

菟丝子是一种生命力很顽强的杂草，是大豆、苜蓿等作物的敌人，它吸收作物的"血液"，影响作物的正常生长，严重时能使作物减产1/4左右。

面对菟丝子的肆虐和无情，人们怎样来控制它或消灭它呢？

人们试用了各种化学除草剂，都很难把它们除掉。

终于传来一个好消息：菟丝子的防除问题有希望解决了。

这是一个偶然的机会发现的：

有一位农业科学工作者，在一次田间检查时发现，长满了菟丝子的苜蓿田里，唯独有一块地方的菟丝子枯死了，它的茎好像被火烧伤了似的，无力地躺在地上。

这个奇怪的现象引起了他的注意，他便请同事们一起来研究。

他们分析后发现，菟丝子的死亡，是由于一种真菌——黑斑病菌在它身上繁殖的结果。

黑斑病菌个体很小，必须借助显微镜才能看到它的"芳容"。

黑斑病菌的孢子落到菟丝子潮湿的茎上以后，就发芽生长起来。不过两星期，菟丝子就被夺去了"生命"。

利用黑斑病菌消除菟丝子的方法，效果十分显著。实验田的菟丝子全都绝迹了。真是卤水点豆腐，一物降一物啊！由此可将黑斑病菌化害为益，使它成为消灭菟丝子的"锐利武器"。

现在，我国已经有了培养黑斑病菌的"工厂"，产品的名字叫"鲁保一号"。

湖北省武昌县五里界，在 1000 亩农田里，用"鲁保一号"防治大豆菟丝子，效果达 80% 以上。湖北省已在大豆菟丝子危害严重的洪湖、汉阳、广济等县广泛应用。

　　"鲁保一号"在安徽省也立下战功。从该省几年来在5000多亩农田中使用情况来看，防治效果达80%~90%。

　　由此可见，人们对于菟丝子无可奈何的日子已经一去不复返了。

有趣的少儿科普书

让杂草为人类服务

杂草，是农作物的敌人。

几千年来，人类同杂草进行了不懈的斗争。可以毫不客气地说，如果没有人类同杂草进行的不屈不挠的斗争，整个世界将成为杂草的世界哩！

杂草，有着惊人的繁殖力。

首先，杂草能产生大量的种子，譬如，一棵刺儿菜结籽35000粒，野藜100000粒，龙葵178000粒，马齿苋193000粒，加拿大飞蓬243000粒，白苋500000粒。在我国东北地区，水边滋生的孔雀草，茎秆矮小，结籽185000粒，种子重量竟占全株总重的70%。

杂草不仅有惊人的繁殖力，而且还有顽强的生命力，因而能在庞杂的植物社会里逞凶称霸。

面对杂草的肆虐，人们采取了种种的方法和它斗争。

不过，任何事物都是一分为二的，杂草对农作物来讲是有害，然而，在另一种场合，它又能表现出有利的一面。

首先，园林工人辛勤种植草坪，美化了环境。

研究表明，草地在夏季的湿度比裸地低 10℃，温度高 20%，飘尘浓度少 80%。此外，它又可以吸收空气里的二氧化碳、二氧化硫等有害气体，同时具有降低噪音、保护视力的作用。

其次，杂草所分泌的物质也不可等闲视之。

譬如，我国南北遍布的杂草艾蒿，其挥发油对各种球菌和皮肤真菌都有抑制作用。可见，在端午节插艾蒿于门楣也是不无道理的。水草菖蒲可以杀菌，自古以来，鞑靼游牧民族就用菖蒲的根茎消毒饮用水。

再次，杂草还有防止冲刷和护坡、护

路、护堤的特殊功能。

其实，"天生我才必有用"。通过科学研究，我们会将更多的有害的杂草变为有益于人类的植物。

印度科学家发现，有几种杂草种子里含有"能提高生命力的物质"。把这种物质的提取物撒到部分作物的农田里，结果提高了作物的产量。

芦荟叶子中的抽出液，对棉花、小麦、番茄和马铃薯的萌发、生长和发育都有利。

苦苣菜的汁液，能使玫瑰花上的锈病完全绝迹。

金鸡菊是舶来品，是我国 20 世纪 30 年代从北美引进的观赏植物。后来，它逐渐逸散为令人厌恶的杂草之一。但它的"姣容三变"，备受环境人员的青睐。当放射性污染达到一定剂量时，鸭跖草的蓝花便转为粉红。好一台绿色的"放射性指示器"！

令人讨厌的水葫芦，有使毒物转化为无毒物质的能力，于是，水葫芦又身价倍增而成为水体净化植物。近年来，人们又发现它有清除水体核污染的能力。

水葫芦在我国南方生长密集，生物学产量很高，可以充作饲料、肥料，如果用于生产沼气则更有用途。所以说人们对水葫芦的认识又深了一步。

杂草的种类繁多，我们一定要努力区分敌友，将更多的杂草化害为益，让它好好地为人类服务。

有趣的
少儿科普书

烟草可作为未来食物

很久很久以前，有这样一个故事。

在美洲印第安人的部落里，有一个大首领的公主死了，被抬到野外天葬，等待"飞鸟"来啄食。

然而，公主命大不该死，她不但没有被啄食反而活着回来了，究其原因，才发现公主是在一种辛辣气味刺激下而苏醒的。

原来，这种散发出辛辣气味的植物就是烟草。

从此，它以还魂草的美名广为流传。

后来，印第安人发现"手卷烟叶，焚其一端，而以它端口吸入颇有'滋味'"，人类的吸烟也就从此开始了。

在 17 世纪，烟草传入我国。一些烟君子便与烟为伍。

不过，人们对吸烟危害的认识，却由来已久。很早以前，就有人提出戒烟的主张。

1604 年，英国国王詹姆斯就撰写了《排除烟害运动》一书，指出："您应抛弃这污秽的玩意儿，接受它是不可饶恕的愚蠢，用它是大大的罪过，它伤目刺鼻，害脑戕肺，好似地狱入口处的黑烟。"

然而，虽然戒烟的呼吁不断，人们的烟瘾却不减，始终不能将戒烟实施于行动。时到今天，人们对戒烟的呼吁还在日益高涨。

世界卫生组织倡议，1988 年 4 月 7 日，即世界卫生组织成立 40 周年纪念日作为第一个世界无烟日，呼吁全世界吸烟者为了全社会健康，在这一天停止吸烟，以此作为减少吸烟量以至戒烟的第一步；呼吁销售者在这天停止销售各种香烟；呼吁印刷、出版者在这一天拒绝做烟草广告，而且要把这一行动和精神延续成一周、一月以至永不间断。

吸烟的危害确应引起世人的注意，据

估计，全世界约有一半男人和四分之一的妇女（不包括儿童）吸烟。

统计资料表明，全世界死于抽烟的人比死于饥寒的多。

令人不容忽视的是，今天的科学已经查明，烟草和烟雾中含有数百种有毒物质，其中有20多种属化学致癌物质。最新发现的致癌"元凶"——活性氧，即来源于吸烟，它能导致肺癌、喉癌、舌癌、呼吸道疾病，诱发或加重心血管等疾病而引起死亡。

就现在讲，世界各国种植烟草的面积很大。

那么，能不能化害为益呢？

就此，科学家们进行了大胆地探索，提出了令人欣喜的设想。

科学家们认为，烟草可作为未来的特殊粮食。那时，烟草的种植面积不但不能减少，反而会扩大。

千百年来，植物中的大豆蛋白质含量很高。但是，科学家研究证实，未成熟的青烟叶含有蛋白质，无论从数量上还是质

量上都远远超过大豆。

据估计，一公顷烟叶提取的蛋白质比一公顷大豆提取的蛋白质多好几倍。

另外，烟叶中蛋白质的氨基酸含量比大豆多，营养价值也高于奶制品。

再者，烟叶中提取的蛋白质结晶，可制成精美的糕点；点上卤水，可变成白嫩的豆腐；在冰冻下可制成松软的奶油。

烟叶的柠檬酸、苹果酸等，又可作为饮料的原料。

可见，未成熟的青烟叶大有发展前景。

科学家们认为，烟叶不但要从另册中解脱出来，21 世纪它还将会被划归粮食部门管理，农民会把它当成粮食作物中的珍品来栽培。

想不到危害人类健康的烟叶，在科学的巨大威力下，竟能变害为宝，为人类奉献丰富的蛋白质。

响尾蛇和响尾蛇导弹

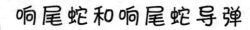

在南美洲的某些地区，常会听到一种"哗啦啦、哗啦啦"的声音，初到南美洲的人，会认为这是附近小溪发出来的流水声，然而，要是循声觅迹，却又找不到溪流。原来，这不是什么流水声，而是由一种毒性极强的蛇，用它的尾巴剧烈摇动而发出的响声。

这种蛇，就是闻名世界的响尾蛇。

响尾蛇与五步蛇是近亲，同属于蝰蛇科。人被它咬伤后，也会被置于死地。

响尾蛇的尾巴能够发声，其原理和运动场上的"裁判哨"相同。不过，它的外壳不是金属，而是由坚硬的皮肤形成的角质轮，由这种角质轮围成一个空腔，在空腔里面又有角质膜隔成两个环状空泡，也就是两个"空振器"。当响尾蛇剧烈摇动自己的尾巴时，在空泡内形成一股气流，随着气流一进一出地往返振动，空泡就发出一阵阵声音来。

响尾蛇就是利用这种似溪流的水声，作为"诱饵"来引诱在炎热天气里口渴的小动物上钩，以便捕而食之。

响尾蛇的响尾之谜，固然能引起人们的极大兴趣，然而，真正令科技工作者倾倒的，还是它自身的另一种特殊构造。

原来，响尾蛇在伸手不见五指的漆黑夜晚，也能准确无误地捕获到小动物。

科学工作者的实验证明，响尾蛇的这种特殊本领，不是因为它具有如猫头鹰一样的眼睛，而是靠另一种特殊构造。

现在，就让我们来看一看实验情况。

科学工作者首先把蒙住眼睛的响尾蛇关在笼子里，笼子里挂两个电灯泡，一个亮着，一个不亮。奇怪，响尾蛇只攻击亮着的灯泡，而对于那个不亮的灯泡总是不屑一顾。

响尾蛇的眼睛是蒙住的，看来，它不是看见了光，而是感到了热。

奥秘在哪儿呢？

原来，在响尾蛇两只眼睛的前下方，各有一个漏斗状的小窝，小窝内有一层薄膜，研究者把电流插在跟这层薄膜相连的神经上，来测定生物电流。他们分别用气味、声音或机械动作去刺激小窝的薄膜，都没有产生电脉冲，这说明，没有信号传到脑子里去。但是，只要用热的东西接近蛇头，蛇神经就会立刻产生电脉冲。至此，奥秘已经全部揭开，这种小窝是一种极强的"热感受器"，人们把它称作"热眼"。

"热眼"的最大特点，是能"看见"红外线。

那么什么是红外线呢？

原来，红外线是人眼看不见的一种光线。比如，你倒一杯开水，在黑暗中虽然看不见杯子，但是当你把手移近杯子的时候，手会感到热乎乎的，仿佛有一种热的光线袭来。这种热的、看不见的光线，就

是红外线。

自然界的任何物体，只要它的温度高于绝对零度（即 -273.15℃），就都能射出红外线。

当然，物体自身的温度越高，射出的红外线就越强。

响尾蛇的"热眼"非常灵敏，温度变化即使只有千分之一度，它也能分辨出来。由此可见，小动物虽然发出的红外线很少，但响尾蛇凭着它的"热眼"也能探测到它，并能确定它的位置。所以，在漆黑的夜晚，它也能发现几米甚至十几米以外的老鼠，一举捕而食之。

响尾蛇的"热眼"，引起了科学家的极大兴趣，并据此原理研制出一种跟踪飞机的空对空导弹——"响尾蛇导弹"。

导弹和炮弹不同。炮弹只能沿着一定的曲线飞行，这条曲线就叫做弹道。炮弹出了炮膛以后，想让它飞远点或飞近点，都不可能，更别想叫它拐个弯。

导弹就不同了，它起飞以后，可以加

以引导、控制，改变飞行路线，更准确地飞向目标。如打飞机的导弹，不仅飞得高，飞得快，就是敌机逃避躲闪，它也能"随机应变"跟踪追击，直到把敌机炸毁为止。

随着科学的发展，导弹的种类越来越多，尽管它们的形状各异，大小不一，但都是由产生动力的装置，进行引导控制的装置和弹头等部分组成的。

"响尾蛇导弹"，就是人们根据响尾蛇"热眼"的原理，用对热线极敏感的半导体元件制成了"人造热眼"，把它装在导弹上。当导弹从飞机上发射后，"人造热眼"紧盯着高温目标——敌机的喷火口，导弹就直朝敌机冲去，跟踪追击，准确无误地击中目标，使敌机"粉身碎骨"。

你看，科学家从响尾蛇觅食的特性入手，发现了响尾蛇"热眼"的特殊的功能，进而又创制了"响尾蛇导弹"，这种科学思想、科学精神和科学思维方式，对你有什么启示呢？

小白蛾为反毒立功

吸毒、贩毒是一种不容忽视的犯罪活动，能给社会安定带来严重影响，也是一些不法分子牟取暴利的手段。

有一种毒品叫可卡因，它是从一种叫做古柯植物的叶子中提取精制而成的。

可卡因是禁运物品，各国海关一直严格把关，严防可卡因流进境内。

这种严密的防范措施，导致不法分子不能公开生产，只能搞地下活动，进行秘密生产和运输，挖空心思想出了各式各样的携带方法，不免为反毒品组织的防范带来了难度。不法分子也屡有得逞。

这个问题，也使反毒组织大伤脑筋。

秘鲁的反毒品官员在一次检查中，意外地发现一种叫"马伦比埃"的小白蛾，它的幼虫是专以古柯叶作为美餐的。

"马伦比埃"小白蛾的幼虫，食量很大，通过研究发现，无数的幼虫在数日内，就吃掉了近30万亩的古柯叶。

不难看出，"马伦比埃"小白蛾的幼虫，是古柯的"灾星"、"天敌"，这种幼虫的存在，对古柯的生长极为不利。这种幼虫是古柯的一害。

然而，事物往往有其正反两个方面。

对反毒品组织来说，这无疑是好事一桩。他们由此受到启发：让这小小的白蛾深入"敌后"，作为反毒"英雄"不更好吗？

在这一思想的指导下，有关方面用人工方法大量繁殖了"马伦比埃"小白蛾，然后，用飞机把它们撒到有可能种植古柯的丛林地区。

这样，小白蛾就会在"敌占区"本能地找到食物——古柯，并在那里安家落户，繁衍后代。

首先，雌雄小白蛾交尾，举行生命中

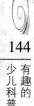
有趣的少儿科普书

最辉煌的典礼——"婚礼"。

其次，雌蛾在古柯上产卵，孕育新的生命。

再次，卵进一步发育成幼虫，是专吃古柯叶的"劲旅"。

最后，无数的小白蛾幼虫尽情地、贪婪地吃着古柯叶子，古柯的叶子遭到了破坏。生产可卡因的原料被毁掉，毒品就提炼不成了。

无疑，这是化害为益的一次成功尝试。

细菌 "吃" 飞机之后

红霞涂抹着远处的群山、机场，四架喷气式飞机在跑道上滑行，顷刻它们迎着喷薄而出的红日，带着浓浓的"白烟"展翅飞向蓝天。当飞机升到 2 万米的高度时，突然，一架战鹰形如醉汉急剧地向下翻滚，一头扎进了海面，这是几十年前发生在美国的傍海飞机场悲惨的一幕。

令人遗憾的是，类似的悲剧还不止一次。

为什么一架正常飞行的飞机会突然失控呢？这个问题使美国保安人员及有关科学家大伤脑筋，他们进行了详细的调查，但未能找到问题的答案。

后来，有人偶然在一架飞机的燃料箱中发现了一种"锈"物，这无疑是一个重要线索。飞机的燃料及油箱要求是很严格的，怎么会有"锈"物呢？

于是，这种"锈"物就被请到了实验室，经化验问题真相大白！

原来，这罪魁祸首是小不点儿的细菌！

细菌？细菌能有这么大的能耐吗？竟能吃掉现代化的喷气式飞机？

这是一种嗜硫细菌，当它在燃料箱体上驻扎之后，就在那里繁衍生息，以喷气燃料中的硫磺为食，然后，排出代谢产物——硫酸，腐蚀箱体，或通过输油管损害发动机零件，从而造成人们不易觉察的"内伤"，造成机毁人亡的惨剧。

这就提醒人们，飞机上千万不能让嗜硫细菌"光顾"。

然而，坏事也能变成好事。独具慧眼的科学家因此而受到了启发，开阔了视野，对嗜硫细菌加以巧妙利用，化害为益，获益匪浅。

起初，嗜硫细菌被保送到炼油厂，它不负众望，大吃特吃，不断地吞食石油中的硫磺，有效地使炼油设备、输油管道免遭腐蚀。

接着，它被"聘"于炼铜厂，面对峋嶙坚硬的铜矿石，以蚂蚁啃骨头的精神，施展出独门功夫——将铜矿石中的硫磺"啃"得干干净净；同时，用自产的硫酸将矿石与铜"割据一方"，极大地提高了铜的开采率。

继而，这小不点儿的嗜硫细菌，又开始了新的征程，在锰、钼、亚铅、镍等金属的提炼领域中，以自己的优势，勤奋工作，留下了光辉的足迹。

现在，科学家鉴于嗜硫细菌在冶金工业上所表现的特殊本能，又大胆提出设想，试图将它推到核工业中的炼铀作业上，使它为人类的建设做出更大的贡献。

科学往往就是这样，能化腐朽为神奇。嗜硫细菌本是"吃"飞机的灾星，但科学家具有发现和发明的科学素质，化害为宝，使其成为造福于人类的挚友。

是的，这是化害为益的一支颂歌！

让 "垃圾" 上餐桌

"垃圾上餐桌"，不是开国际玩笑吧？然而这是事实。

请看下面的故事。

那是在某国的一天晚上，一些国会议员及社会名流，应邀出席一次奇特的宴会。

宴会上，侍者们端上了一盆盆丰盛的佳肴，它们色香俱全，厨师又烧得特别鲜美。

席间，客人们大饱口福，赞不绝口。不时发出这样的疑问：这是什么菜？这菜是出自谁的手艺？

主人笑而不答。

待宾客酒足饭饱之后，主人才将席中一位科学家介绍给众客人，并当众宣布：今天所吃的菜肴，都是由垃圾培育出来的，它的制造者就是这位著名的科学家。

众人惊喜。这真是一次别开生面的宴会啊！

要了解这次宴会的来龙去脉，还得从当今的石油污染谈起。

大家知道，石油污染越来越严重，每年流入海洋的石油将近 150 万吨，它们造成海洋的严重污染。

往日，海滩上的金黄色沙子，已被黑色的细沙所代替。

往日，螃蟹、鱼虾所寄居的海边礁石，已为乌黑的石油所包裹。

往日，碧蓝的海洋，已被污染所困扰。

如今，黑乎乎的海滩，经日光照射发出扎眼的光，似乎在向人们诉说所受的磨难和"虐待"。

是啊，海藻和贝类受到了伤害，鱼类受到了伤害，海鸟和海豚也受到了伤害。

可见，消除石油的污染刻不容缓。

科学家们发现，有一种长在葡萄树上的真菌，是"吃"石油的能手。这使科学家喜出望外，于是，科学家设想将其化害为益，造福于人类。

石油中的正烷烃被"吃"石油的真菌利用后，可以转化为石油蛋白。

如果再将这些石油蛋白进行特殊的加工，便可以将它们转化为"牛排"、"香肠"、"火腿"等佳肴。这个创世纪的发明，为人类开辟了新的食物来源。

以往，石油里或多或少都含有一些蜡质，蜡质越多，石油的质量越差，所以人们在提炼石油的过程中，要想办法把蜡质除去。人们无意中发现，有些微生物喜食蜡质，它们是给食油脱蜡的能手。这样，微生物在脱蜡的过程中，同时会在自己的身体里蓄积丰富的蛋白质。

石油中的蜡质对人体来讲没有什么用处，可是经过微生物的"加工"，就变成了人体所需要的蛋白质，这可真是好事一桩。

有人做了这样的估计，全世界每年开采 20 亿吨石油，不用多，只用其中的 2% 作原料，就能生产 250～300 万吨蛋白质，

这么多的蛋白质可以满足2亿人口一年的营养需要。

现在，世界上许多国家在研究和生产石油蛋白。

我国石油里的蜡质成分含量比较多，利用微生物"吃掉"其中的蜡质，既可以提高石油产品的质量，又能获得大量的石油蛋白，这真是变废为宝、一举两得的美事，很有发展前途。

值得特写一笔的是，法国的生物化学家向全世界报告：凡是含有纤维素的物质，例如破布废纸，杂草绿叶，运用高科技手段，都能对它们进行特殊的加工，制造出可供食用的高蛋白物质。

显然，这向我们说明：某些废物经过科学处理，不仅可以解决使人头疼的环境问题，还是人类食物的来源之一。